Stefano Francaviglia

Test di Algebra lineare

Tratti da esercizi d'esame a.a. 2014/15 e 2015/16

Prefazione

Questo libro raccoglie gli esercizi d'esame del corso "Geometria e Algebra", relativi agli anni accademici 2014/15 e 2015/16, per corsi di laurea triennale in ingegneria presso l'Università di Bologna e in particolare per i corsi di laurea in Ingegneria Aerospaziale, Ingegneria dell'Automazione, Ingegneria Elettrica e Ingegneria Meccanica.

Gli esercizi sono in forma di domande a risposta multipla e vengono proposti volutamente in ordine casuale e non temporale, né raccolti per argomento; con lo scopo di simulare un'estrazione casuale di domande d'esame.

Le risposte si trovano nelle ultime due pagine del libro.

Stefano Francaviglia

ESERCIZI

1. Sia $A \in \mathcal{M}_{4 \times 4}(\mathbb{C})$ non diagonalizzabile con autovalori $0, 1, -1$. Se 0 ha molteplicità algebrica 2 allora:
$\boxed{\text{a}}$ $\ker A = 0$; $\boxed{\text{b}}$ $\dim(\ker A) = 1$; $\boxed{\text{c}}$ $\text{rango}(A) \le 2$ $\boxed{\text{d}}$ $\text{rango}(A) > 3$.

2. Se $d(v, w)$ è la distanza indotta da un prodotto scalre $\langle \cdot, \cdot \rangle$ su V allora:
$\boxed{\text{a}}$ $d(v, -v) = 0$; $\boxed{\text{b}}$ $d(v, -v) = ||v||^2$; $\boxed{\text{c}}$ $d(v, -v) = ||v||$; $\boxed{\text{d}}$ $d(v, -v) = 2||v||$.

3. In $\mathbb{R}^3$ siano $v_1 = (1, 2, 3), v_2 = (4, 5, 6), v_3 = (7, 9, 8)$ $w_1 = (0, 1, 1), w_2 = (1, 1, 0), w_3 = (1, 0, 1)$. Una $f \in \text{End}(\mathbb{R}^3)$ tale che $f(v_i) = w_i$ per ogni i:
$\boxed{\text{a}}$ non esiste; $\boxed{\text{b}}$ esiste ed è unica; $\boxed{\text{c}}$ esiste ma non è unica; $\boxed{\text{d}}$ nessuna delle altre.

4. La segnatura (n_0, n_+, n_-) di $\begin{pmatrix} 2 & 1 \\ 1 & 2 \end{pmatrix}$ è: $\boxed{\text{a}}$ $(0, 2, 0)$; $\boxed{\text{b}}$ $(0, 1, 2)$; $\boxed{\text{c}}$ $(1, 1, 0)$; $\boxed{\text{d}}$ $(0, 1, 0)$.

5. In $\mathbb{R}^4$ una base delle soluzioni del sistema $\begin{cases} 3x - y + 2z = 0 \\ x - y - z - t = 0 \\ 2y + 5z + 3t = 0 \end{cases}$ è: $\boxed{\text{a}}$ $\{(1, 3, 0, -2), (0, 2, 1, 3)\}$;
$\boxed{\text{b}}$ $\{(1, 3, 0, 2), (0, 2, 1, -3)\}$; $\boxed{\text{c}}$ $\{(1, 3, 0, -2), (0, 2, 1, -3)\}$; $\boxed{\text{d}}$ $\{(1, -3, 0, 2), (0, 2, 1, 3)\}$.

6. Quali delle seguenti è una base ortogonale per il prodotto scalare standard di $\mathbb{R}^2$?
$\boxed{\text{a}}$ $e_1, e_1 + e_2$; $\boxed{\text{b}}$ $2e_2 + e_1, -2e_1 + e_2$; $\boxed{\text{c}}$ $e_1 + 2e_2, e_1 - 2e_2$; $\boxed{\text{d}}$ nessuna delle precedenti.

7. Per quali valori del parametro k la matrice $\begin{pmatrix} k & 0 & 0 \\ 0 & k+1 & 0 \\ k & 1 & 1 \end{pmatrix}$ è diagonalizzabile?
$\boxed{\text{a}}$ $k \ne 0$; $\boxed{\text{b}}$ $k = 1$; $\boxed{\text{c}}$ $k \ne 0, 1$; $\boxed{\text{d}}$ $k = 0$.

8. In $\mathbb{R}^3$ la distanza tra il piano $x - y + z = 1$ e $(0, 2, 0)$ è: $\boxed{\text{a}}$ 0; $\boxed{\text{b}}$ 1; $\boxed{\text{c}}$ $\sqrt{3}$; $\boxed{\text{d}}$ $\frac{1}{\sqrt{3}}$.

9. Per quali $x \in \mathbb{R}$ la forma bilineare di $\mathbb{R}^2$ associata a $\begin{pmatrix} x^2 + 1 & 0 \\ 0 & 1 \end{pmatrix}$ è definita positiva?
$\boxed{\text{a}}$ per nessun x; $\boxed{\text{b}}$ per ogni x; $\boxed{\text{c}}$ solo se $x > 0$; $\boxed{\text{d}}$ solo se $x \ne 0$.

10. In $\mathbb{C}^3$ quante soluzioni ha il sistema $\begin{cases} x + iz = 0 \\ ix + y + z = 0 \\ y + 2z = 0 \end{cases}$ $\boxed{\text{a}}$ 0; $\boxed{\text{b}}$ 1; $\boxed{\text{c}}$ 2; $\boxed{\text{d}}$ ∞.

11. Un'applicazione lineare da $\mathbb{K}_{\le 47}[x] \to \mathcal{M}_{7 \times 7}(\mathbb{K})$ non può:
$\boxed{\text{a}}$ esistere; $\boxed{\text{b}}$ essere iniettiva; $\boxed{\text{c}}$ essere suriettiva; $\boxed{\text{d}}$ nessuna delle altre.

12. In $\mathbb{R}^3$, la distanza tra $(1, -2, 1)$ ed il piano $y - 2x + 2z = 2$ è:
$\boxed{\text{a}}$ $4/3$; $\boxed{\text{b}}$ $2/3$; $\boxed{\text{c}}$ 0; $\boxed{\text{d}}$ $5/3$.

13. Quale base è ortogonale per il prodotto scalare standard di $\mathbb{R}^2$?
$\boxed{\text{a}}$ $e_1, e_1 + e_2$; $\boxed{\text{b}}$ $e_1 + 2e_2, e_1 - e_2$; $\boxed{\text{c}}$ $e_1 - e_2, e_1 + e_2$; $\boxed{\text{d}}$ nessuna delle altre.

14. Il rango della matrice $\begin{pmatrix} 0 & 0 & -2 & 2 \\ 1 & -1 & -1 & 1 \\ 1 & -1 & -2 & 2 \\ -2 & 2 & 1 & -1 \end{pmatrix}$ è: $\boxed{\text{a}}$ 1; $\boxed{\text{b}}$ 2; $\boxed{\text{c}}$ 3; $\boxed{\text{d}}$ 4.

15. Le coordinate del vettore $(1,2,3)$ rispetto alla base $\{(1,0,0),(0,2,0),(0,0,3)\}$ di $\mathbb{R}^3$ sono:
[a] $(1,2,3)$; [b] $(1,4,9)$; [c] $(1,1,1)$; [d] $(1,0,0)$.

16. La dimensione di $\{f : \mathbb{R}^3 \to \mathbb{R}^2 : f(\mathbb{R}^3) \subseteq \text{span}(1,0)\}$ è: [a] 3; [b] 1; [c] 4; [d] 2.

17. Sia $A = \begin{pmatrix} 1 & 0 & 1 & 1 \\ 1 & 2 & -1 & 0 \\ 2 & 2 & 0 & 1 \end{pmatrix}$ e $b = \begin{pmatrix} 0 \\ 1 \\ 1 \end{pmatrix}$. Quante soluzioni ha in $\mathbb{R}^4$ il sistema $AX = b$?

[a] ∞; [b] 1; [c] 2; [d] 0.

18. Siano dati in $\mathbb{C}^3$ i sottospazi $V = \text{span}\{ie_1, e_1 + ie_2\}$ e $W = \{(x,y,z) \in \mathbb{C}^3 \mid x - 2y = 0, 3x + iz = 0\}$. La dimensione di $V + W$ è: [a] 3; [b] 2; [c] 1; [d] 0.

19. Quale di queste applicazioni è lineare?
[a] $f(x,y) = (x+2, y-1)$; [b] $A \mapsto A^{-1}$; [c] $A \mapsto det(A)$; [d] $f(x,y,z) = x$.

20. Il rango di $A \in \mathcal{M}_{4\times 4}(\mathbb{Z}_2)$, $A = \begin{pmatrix} 0 & 1 & 1 & 0 \\ 1 & 0 & 0 & 0 \\ 0 & 0 & 1 & 1 \\ 1 & 1 & 0 & 1 \end{pmatrix}$ è: [a] 4; [b] 3; [c] 2; [d] 1.

21. Se 1 è autovalore per un endomorfismo $f : \mathbb{R}^3 \to \mathbb{R}^3$ allora:
[a] $f(x) = 1$; [b] $\forall x f(x) = x$; [c] $f(x) = \lambda x$; [d] nessuna delle precedenti.

22. Sia $f : \mathbb{R}_{\leq 2}[x] \to \mathbb{R}_{\leq 2}[x]$ la derivata. La forma di Jordan di f è:
[a] $\begin{pmatrix} 0 & 1 & 0 \\ 0 & 0 & 1 \\ 0 & 0 & 0 \end{pmatrix}$; [b] $\begin{pmatrix} 0 & 1 & 0 \\ 0 & 0 & 2 \\ 0 & 0 & 0 \end{pmatrix}$; [c] $\begin{pmatrix} 0 & 0 & 0 \\ 0 & 1 & 0 \\ 0 & 0 & 2 \end{pmatrix}$; [d] $\begin{pmatrix} 1 & 1 & 0 \\ 0 & 1 & 0 \\ 0 & 0 & 0 \end{pmatrix}$.

23. Quale tra questi endormorfismi di $\mathbb{R}^2$ è triangolabile?
[a] $f(x,y) = (3y, -x)$; [b] entrambi; [c] nessuno; [d] $f(x,y) = (\pi x, -x + 19y)$.

24. Sia $f \in \text{hom}(\mathbb{R}^5, \mathbb{R}^4)$ con $\ker(f) \subseteq \text{span}\{(1,-1,0,0,1), (2,0,1,0,0), (0,2,1,0,-2)\}$. Allora:
[a] $\dim(\text{Imm} f) \leq 2$; [b] $\dim(\text{Imm} f) = 3$; [c] $\dim(\text{Imm} f) \geq 3$; [d] $\dim(\text{Imm} f) = 2$.

25. Quale tra questi endormorfismi di $\mathbb{R}^2$ è triangolabile: [a] $f(x,y) = (\frac{\sqrt{3}}{2}x - \frac{1}{2}y, \frac{1}{2}x + \frac{\sqrt{3}}{2}y)$; [b] $f(x,y) = (\frac{\sqrt{2}}{2}x - \frac{\sqrt{2}}{2}y, \frac{\sqrt{2}}{2}x + \frac{\sqrt{2}}{2}y)$; [c] $f(x,y) = (\pi x, \log(47)x + y)$; [d] nessuno.

26. Il polinomio caratteristico di $f(x,y) = (y,x)$ è:
[a] $x(x-2)$; [b] $x^2 - 2$; [c] $(x-1)^2$; [d] $x^2 - 1$.

27. La proiezione ortogonale di $(-2, 4, -1)$ lungo $(1,1,0)$ è:
[a] $(-1/6, 1/3, -1/12)$; [b] $(1,1,0)$; [c] $(1/12, 1/12, 0)$; [d] $(1/6, 1/3, -1/6)$.

28. Per quali dei seguenti valori di x la matrice $\begin{pmatrix} 0 & 1 \\ 1-x^2 & 0 \end{pmatrix}$ risulta triangolabile su $\mathbb{R}$?
[a] 1; [b] 2; [c] 3; [d] 4.

29. Quali sono equazioni cartesiane per $V = \text{span}\{(1,2,0),(0,1,1)\} \subseteq \mathbb{R}^3$?
[a] $y - 2x = 0, z = 0$; [b] $z - 2x - 3y = 0$; [c] $y - 2x = 0$; [d] $2x - y + z = 0$.

30. Quanti elementi ha $\{(x,y,z) \in (\mathbb{Z}_2)^3 \mid x + y = 0, z - y = 0\}$? [a] 1; [b] 2; [c] 6; [d] 4.

31. Quale di questi insiemi di vettori genera $\mathbb{C}_{\leq 3}[x]$? [a] $x, x^2, (x+1)^3, x^4$; [b] $x^3, (x+1)^3, x^2 - x + 1, ix, (x-i)^2$; [c] $x^2, (x+1)^3, x^2 - x, ix$; [d] $x, (x+i)^3, ix$.

32. Il rango di $\begin{pmatrix} 1 & 0 & 1 & 0 & 1 \\ 2 & 0 & 0 & 2 & 0 \\ 1 & 1 & 0 & 2 & 0 \end{pmatrix}$ è: [a] 2; [b] 4; [c] 3 ; [d] 5.

33. Le coordinate di $ix^2 + (1-2i)x + 2i$ rispetto alla base $\{ix - 1, x, x^2 + 1\}$ di $\mathbb{C}_{\leq 2}[x]$ sono:
[a] $(-i, -2i, i)$; [b] $(i, -2i, i)$; [c] $(-i, 2i, i)$; [d] $(i, -2i, -i)$.

34. Le coordinate di $(1-x)^2$ rispetto alla base $\{1, \pi x, (x-\pi)^2\}$ di $\mathbb{R}_{\leq 2}[x]$ sono:

[a] $(1-\pi^2, -\frac{2}{\pi}+2, 1)$;   [b] $(1,-1)^2$;   [c] $(1, \frac{2}{\pi}, \frac{2}{\pi^2})$;   [d] nessuna delle precedenti.

35. Le coordinate di $(1,1,1)$ rispetto alla base $\{(1,1,0), (1,0,1), (0,0,1)\}$ di $\mathbb{Z}_2^3$ sono:

[a] (1,0,1);   [b] (1,1,0);   [c] (0,0,0);   [d] (0,0,1).

36. Quali delle seguenti è una matrice ortogonale?

[a] $\begin{pmatrix} 1 & 1 \\ 1 & 1 \end{pmatrix}$;   [b] $\begin{pmatrix} 1 & 1 \\ 0 & 1 \end{pmatrix}$;   [c] $\begin{pmatrix} 1 & -1 \\ 1 & 1 \end{pmatrix}$;   [d] $\begin{pmatrix} 1/\sqrt{2} & -1/\sqrt{2} \\ 1/\sqrt{2} & 1/\sqrt{2} \end{pmatrix}$

37. Sia $f \in \mathrm{End}(\mathbb{R}^4)$ tale che $f(e_1) = e_1 + e_4, f(e_2) = e_1 + e_3, f(e_3) = e_2, f(e_4) = e_4$.
Gli autovalori di f sono: [a] $1, -1, 0$;   [b] $1, -1$;   [c] 1;   [d] -1.

38. Se $b \in \mathrm{bil}(\mathbb{R}^2)$ è associata in base canoninca alla matrice $\begin{pmatrix} 0 & 1 \\ 2 & 3 \end{pmatrix}$, la sua forma quadratica è:

[a] $x^2 + 2xy + 3y^2$;   [b] $x^2 + y^2 + 2xy + yx$;   [c] $x^2 + 3xy + 3y^2$;   [d] $3xy + 3y^2$.

39. Quale tra queste è una forma bilineare su $\mathbb{R}_{\leq 2}[x]$?

[a] $b(p,q) = p(0)$; [b] $b(p,q) = p(0)q(1)$; [c] $b(p,q) = p(0)q(0)^2$; [d] $b(p,q) = p(0) + q(0)$.

40. La forma di Jordan reale della rotazione di $\mathbb{R}^3$ di angolo π intorno all'asse Z è:

[a] $\begin{pmatrix} 1 & 0 & 0 \\ 0 & -1 & 0 \\ 0 & 0 & -1 \end{pmatrix}$;   [b] $\begin{pmatrix} -1 & 1 & 0 \\ 0 & -1 & 0 \\ 0 & 0 & 1 \end{pmatrix}$;   [c] $\begin{pmatrix} 1 & 1 & 0 \\ 0 & 1 & 1 \\ 0 & 0 & 1 \end{pmatrix}$;   [d] non esiste.

41. Sia $f : \mathbb{C}^4 \to \mathbb{C}^4$ definita da $f(x,y,z,t) = (y, -x, iz, it)$. La molteplicità geometrica di i è:

[a] 1;   [b] 2;   [c] 3;   [d] 4.

42. La conica di equazione $x^2 + 2xy + y^2 = 0$ è:

[a] retta doppia;   [b] rette incidenti;   [c] rette parallele;   [d] retta semplice.

43. In $\mathbb{R}^4$ l'ortogonale di $\mathrm{span}\{e_1 - e_2, e_3 + e_4\}$ è: [a] $\{(x,y,z,t) \in \mathbb{R}^4 \mid x+y = 0\}$;

[b] $\mathrm{span}\{e_1 + e_2 + e_3, e_3 - e_1\}$;   [c] $\{(x,y,z,t) \in \mathbb{R}^4 \mid x - 3y = 0, z+t = 0\}$;   [d] $\mathrm{span}\{e_1 + e_2, e_3 - e_4\}$.

44. Le coordinate di $-2x^2 + 2x + i$ rispetto alla base $\{ix^2 + 3, ix + 1, -x^2\}$ di $\mathbb{C}_{\leq 2}[x]$ sono:

[a] $(-i, -2i, 1)$;   [b] $(i, -2i, 1)$;   [c] $(-i, 2, i)$;   [d] $(1, -2i, -i)$.

45. Quale di questi è un sottospazio vettoriale di $\mathbb{R}^3$?

[a] $\{xy = z\}$;   [b] $\{x^2 = z\}$;   [c] $\{x = y - 2\}$;   [d] nessuno.

46. Il polinomio caratteristico di $f(x,y) = (x+y, x-y)$ è:

[a] $x(x-2)$;   [b] $x^2 - 2$;   [c] $(x-1)^2$;   [d] $x^2 - 1$.

47. La funzione da $\mathbb{R}^3$ in sé definita da $f(x,y,z) = (z, y, -x)$ è:

[a] una rotazione;   [b] una riflessione;   [c] una traslazione;   [d] nessuna delle precedenti.

48. Sia $A \in \mathrm{End}(\mathbb{R}^3)$ diagonalizzabile. Allora: [a] A ha tutti gli autovalori distinti;

[b] Esistono rette invarianti per A;   [c] A è invertibile;   [d] nessuna delle precedenti.

49. Qual è il rango di $A = \begin{pmatrix} 1 & -2 & 0 & 0 & -1 \\ 0 & -5 & 1 & 1 & -1 \\ 1 & 0 & 0 & 0 & -1 \\ -2 & -2 & 4 & 3 & -5 \end{pmatrix}$ su $\mathbb{R}$? [a] 2;   [b] 3;   [c] 4;   [d] 5.

50. Sia $W \subset \mathbb{R}^4$ generato da $(1,2,1,-1), (0,1,2,0), (2,3,2,-2), (0,1,1,1), (-2,-1,3,1)$.

[a] $\dim(W) = 4$;   [b] $\dim(W) = 1$;   [c] $\dim(W) = 2$;   [d] $\dim(W) = 3$.

51. In $\mathbb{R}_{\leq 2}[x]$, le coordinate di $(1+x)^2$ rispetto alla base $v_1 = 1, v_2 = 1+x, v_3 = 1+x+x^2$ sono:

[a] $(1,2,1)$;   [b] $(0,2,0)$;   [c] $(-1,1,1)$;   [d] $(0,1,0)^2$.

52. Quante soluzioni ha il sistema $\begin{cases} -y - t = 1 \\ z - y = 1 \end{cases}$ in $(\mathbb{Z}/2\mathbb{Z})^4$? [a] 0;   [b] 4;   [c] 2;   [d] infinite.

53. La segnatura (n_0, n_+, n_-) della forma bilineare associata alla matrice $\begin{pmatrix} 1 & 1 & 2 \\ 1 & 2 & 1 \\ 2 & 1 & 1 \end{pmatrix}$ è:

[a] $(1,2,3)$;　　[b] $(0,1,2)$;　　[c] $(0,2,1)$;　　[d] $(1,0,2)$.

54. Gli autovalori di $f \in \text{End}(\mathbb{R}^3)$ definita da $f(x,y,z) = (x,z,0)$ sono:

[a] $0,1$;　　[b] $0,1,-1$;　　[c] $1,2$;　　[d] $0,-1$.

55. Se 1 è autovalore per un endomorfismo $f : \mathbb{R}^3 \to \mathbb{R}^3$ allora $f(x) - x$ è:

[a] iniettiva;　　[b] invertibile;　　[c] suriettiva;　　[d] nessuna delle precedenti.

56. Quale dei seguenti insiemi costituisce una base per $\mathbb{R}_{\leq 2}[x]$?

[a] $0,1,x$;　　[b] $x^2 + 2x + 1, x + 1, x(x+1)$;　　[c] $0,1,x,x^2$;　　[d] $x^2 - 1, x - 1, x + 1$.

57. In $\mathbb{R}^3$ le rette $r = \{x = 1, \ y + z = 1\}$ e $s = \text{span}\{(1,1,-1)\} + (0,0,1)$ sono tra loro:

[a] sghembe;　　[b] parallele;　　[c] incidenti;　　[d] coincidenti.

58. La conica di equazione $(x-y)^2 - (x+y)^2 - 3x = 0$ è:

[a] una parabola;　　[b] un'ellisse;　　[c] una coppia di retta incidenti;　　[d] un'iperbole.

59. Il piano di $\mathbb{R}^3$ passante per la retta $r = \text{span}((1,1,1))$ ed il punto $p = (1,0,0)$ è:

[a] $\{x - y = 1\} \cap \{y - z = 1\}$;　　[b] $\{x = y\} \cap \{y = z\}$;　　[c] $y - z = 1$;　　[d] $y = z$.

60. Quanti blocchi ha la forma di Jordan di $f(x,y,z,t) = (-x + y - z, -x + y, z + t, t)$?

[a] 1;　　[b] 2;　　[c] 3;　　[d] 4.

61. In $\mathbb{R}^3$ le rette $r = \{x = y - z = -1\}$ e $s : \text{span}\{(1,1,-1)\} + (0,0,1)$ sono tra loro:

[a] sghembe;　　[b] parallele;　　[c] incidenti;　　[d] coincidenti.

62. Quale di queste basi di $\mathbb{R}^3$ è ortogonale per il prod. scal. standard? [a] $(1,1,1), (1,1,0), (0,0,1)$;
[b] $(1,1,1), (1,-1,0), (0,-1,1)$;　　[c] $(1,0,0), (1,1,0), (1,1,1)$;　　[d] nessuna delle precedenti.

63. Sia $f \in \text{End}(\mathbb{R}_{\leq 2}[x])$ dato da $p'(x)x + p(0)$. La matrice di f nelle base $x^2, 1 + x, x$ è:

[a] $\begin{pmatrix} 2 & 1 & 1 \\ 0 & 1 & 0 \\ 0 & 0 & 0 \end{pmatrix}$;　　[b] $\begin{pmatrix} 2 & 1 & 0 \\ 0 & 1 & 0 \\ 0 & 0 & 1 \end{pmatrix}$;　　[c] $\begin{pmatrix} 2 & 0 & 0 \\ 0 & 1 & 0 \\ 0 & 0 & 1 \end{pmatrix}$;　　[d] $\begin{pmatrix} 0 & 1 & 0 \\ 0 & 1 & 1 \\ 2 & 0 & 0 \end{pmatrix}$.

64. La forma di Jordan di $f(x,y) = (4x - 4y, 4x - 4y)$ è:

[a] $\begin{pmatrix} 1 & 1 \\ 0 & 1 \end{pmatrix}$;　　[b] $\begin{pmatrix} 0 & 1 \\ 0 & 0 \end{pmatrix}$;　　[c] $\begin{pmatrix} 1 & 0 \\ 0 & 0 \end{pmatrix}$;　　[d] nessuna delle precedenti.

65. In $\mathbb{R}^3$ la distanza tra $(1,-1,1)$ e la retta di equazioni parametriche $r(t) = (t - 1, 3 - 2t, 1)$ è:

[a] 0;　　[b] $1/\sqrt{5}$;　　[c] $2/\sqrt{5}$;　　[d] $3/\sqrt{5}$.

66. Gli autovalori di $f(x,y,z) = (x + 2y + 3z, 2y + 3z, 3z)$ sono:

[a] $1,2,3$;　　[b] $(1,1,1)$;　　[c] $1,-1,3$;　　[d] $\pm\sqrt{3}$.

67. Quale delle seguenti matrici è ortogonale?

[a] $\begin{pmatrix} -1 & 0 & 0 \\ 0 & 1 & 0 \\ 0 & 0 & 1 \end{pmatrix}$;　　[b] $\begin{pmatrix} 1/\sqrt{2} & 0 & 1/\sqrt{2} \\ 0 & 1 & 0 \\ -1/\sqrt{2} & 0 & 1/\sqrt{2} \end{pmatrix}$;　　[c] $\begin{pmatrix} 0 & 1 & 0 \\ 1 & 0 & 0 \\ 0 & 0 & 1 \end{pmatrix}$;　　[d] tutte le precedenti.

68. Detti $x = (x_1, x_2, x_3)$ e $y = (y_1, y_2, y_3)$, quale tra queste è una forma bilineare?

[a] $f(x,y) = x_1 y_2 - 34 x_1 y_1$; [b] $f(x,y) = x_2 y_2 + 1$; [c] $f(x,y) = 2x_1 y_2 - 2y_1 y_2$; [d] $f(x,y) = x_1 y_2 - y_1^2$.

69. Per quali dei seguenti valori di x l'applicazione lineare associata alla matrice $\begin{pmatrix} 0 & 4 \\ x & 2x \end{pmatrix}$ risulta autoaggiunta rispetto al prodotto scalare standard di $\mathbb{R}^3$?

[a] 1;　　[b] 2;　　[c] 3;　　[d] 4.

70. Un sistema omogeneo di 5 equazioni in 3 incognite: [a] non ha soluzione ;　　[b] ha sempre almeno una soluzione;　　[c] ha soluzione solo in certi casi;　　[d] ha sempre una soluzione unica.

71. L'inversa di $\begin{pmatrix} -1 & 1 \\ 0 & 1 \end{pmatrix}$ è: [a] $\begin{pmatrix} 1 & 0 \\ -1 & 1 \end{pmatrix}$; [b] $\begin{pmatrix} 1 & 1 \\ 0 & 1 \end{pmatrix}$; [c] $\begin{pmatrix} -1 & 1 \\ 0 & 1 \end{pmatrix}$; [d] $\begin{pmatrix} 1 & -1 \\ -1 & 1 \end{pmatrix}$.

72. Le coordinate di $(1+x)^2$ rispetto alla base $1, 1+x, x^2$ di $\mathbb{R}_{\leq 2}[x]$ sono:
[a] $(1,1,1)$; [b] $(1,2,1)$; [c] $(0,1,0)^2$; [d] $(-1,2,1)$.

73. In $\mathbb{R}^3$ le rette $r = \{(x,y,z): x-y=y-z=0\}$ ed $s = \text{span}(1,1,0)$ sono tra loro:
[a] parallele; [b] sghembe; [c] incidenti; [d] uguali.

74. Quanti blocchi ha la forma di Jordan di $f(x,y,z,t) = (-x+y-z, -x+y, z, t)$?
[a] 1; [b] 2; [c] 3; [d] 4.

75. Quali delle seguenti è una base di $(\mathbb{Z}_2)^3$?
[a] $\begin{pmatrix} 1 \\ 0 \\ 1 \end{pmatrix}, \begin{pmatrix} 1 \\ 0 \\ 0 \end{pmatrix}, \begin{pmatrix} 0 \\ 1 \\ 0 \end{pmatrix}$; [b] $\begin{pmatrix} 1 \\ 0 \\ 0 \end{pmatrix}, \begin{pmatrix} 0 \\ 1 \\ 1 \end{pmatrix}$; [c] $\begin{pmatrix} 0 \\ 1 \\ 1 \end{pmatrix}, \begin{pmatrix} 1 \\ 1 \\ 2 \end{pmatrix}, \begin{pmatrix} 0 \\ 0 \\ 0.3 \end{pmatrix}$; [d] $\begin{pmatrix} 1 \\ 1 \\ 0 \end{pmatrix}, \begin{pmatrix} 1 \\ 0 \\ 1 \end{pmatrix}, \begin{pmatrix} 0 \\ 1 \\ 1 \end{pmatrix}$.

76. In $\mathbb{R}^4$ sia V l'ortogonale di $(1,1,1,1)$ (rispetto al prodotto scalare standard) e $W = \{x = 0\}$.
[a] $\dim(V \cap W) = 0$; [b] $\dim(V \cap W) = 1$; [c] $\dim(V \cap W) = 2$; [d] $\dim(V \cap W) = 3$.

77. Siano $A, M \in \mathcal{M}_{n \times n}(\mathbb{R})$ tali che $M^T A M = A$. Allora: [a] M è invertibile;
[b] A è invertibile; [c] Se A è invertibile anche M lo è; [d] Se M è invertibile anche A lo è.

78. Quale di questi è un insieme di vettori linearmente indipendenti in $\mathcal{M}_{2 \times 2}(\mathbb{C})$? [a] nessuna;
[b] $\begin{pmatrix} 1 & 1 \\ 0 & 0 \end{pmatrix}, \begin{pmatrix} 0 & 0 \\ i & 0 \end{pmatrix}$; [c] $\begin{pmatrix} 1 & i \\ 0 & 0 \end{pmatrix}, \begin{pmatrix} 0 & 1 \\ 1 & 1 \end{pmatrix}, \begin{pmatrix} 1 & 0 \\ 1 & 2i \end{pmatrix}$; [d] $\begin{pmatrix} 1 & 0 \\ -1 & 0 \end{pmatrix}, \begin{pmatrix} -1 & 0 \\ 0 & 0 \end{pmatrix}$

79. Quale di queste è una base di $\mathbb{C}_{\leq 2}[x]$? [a] $i, x+i, x^2+x+i, x-i$; [b] $(x-i)^2, x, x^2-ix-1$;
[c] $i, x+i, x^2+2x+2i$; [d] $x^2-ix, 2x, 2x^2-3ix$.

80. In $\mathbb{R}^3$ le rette $r: \{x = y = z+1\}$ ed $s(t) = (1,t,2t)$ sono tra loro
[a] parallele; [b] incidenti; [c] sghembe; [d] uguali.

81. In $(\mathbb{Z}_2)^2$ quanti elementi ha $\text{span}((1,0),(1,1))$? [a] 1; [b] 2; [c] 3; [d] 4.

82. Una base delle soluzioni del sistema $\begin{cases} y + 2z = 0 \\ x + y + 2z + t = 0 \\ 2x - y - 2z + 2t = 0 \end{cases}$ è:
[a] $(1,2,-1,-1), (1,0,0,-1)$; [b] $(1,0,0,1), (1,-2,1,1)$; [c] $(0,2,-1,0)$; [d] non esiste.

83. La dimensione di $V = \{f \in \text{hom}(\mathbb{R}^3, \mathbb{R}^4) \mid f(e_1) = f(e_2), f(e_3) \in \text{span}(1,2,3,4)\}$ è:
[a] 4; [b] 5; [c] 6; [d] V non è un sottospazio di $\text{hom}(\mathbb{R}^3, \mathbb{R}^4)$.

84. Quante soluzioni ha in $(\mathbb{Z}_2)^3$ il sistema $\begin{cases} x + z = 0 \\ x + y + z = 0 \end{cases}$? [a] 2; [b] 1; [c] 0; [d] 4.

85. La segnatura della forma bilineare di $\mathbb{R}^3$ definita da $b((x,y,z),(x',y',z')) = xz' + yy' + zx'$ è:
[a] $(1,1,1)$; [b] $(0,1,1)$; [c] $(1,1,-1)$; [d] $(0,2,1)$.

86. La conica di equazione $(x+2y)^2 - 2xy - (y+3)^2 = 0$ è una:
[a] Ellisse ; [b] Parabola; [c] Iperbole; [d] Coppia di rette incidenti.

87. La conica di equazione $(x-1)^2 - (x-y)^2 - 1 = 0$ è:
[a] un'iperbole ; [b] un'ellisse; [c] una parabola; [d] una coppia di rette incidenti.

88. Sia $A \in \mathcal{M}_{n \times n}(\mathbb{K})$. Quali tra le seguenti matrici commuta sicuramente con A?
[a] A^3; [b] A^T; [c] nessuna delle due; [d] entrambe.

89. In $\mathbb{R}^3$ le rette $r = \{2x - y = 0, z = x\}$ e $s = \{2z - y = 0, x = 1\}$ sono tra loro:
[a] parallele; [b] incidenti; [c] uguali; [d] sghembe.

90. L'equazione del piano di $\mathbb{R}^3$ passante per i punti $(1,1,0)$, $(1,0,1)$ e $(0,1,1)$ è:
[a] x+y+z=0; [b] x+y+z=1; [c] x+y+z=2; [d] x+y+z=3.

91. In $\mathbb{R}^4$ l'ortogonale di $\{x = -y, z = t\}$ è: $\boxed{a}$ $\{(x,y,z,t) \in \mathbb{R}^4 \mid x + y = 0\}$; $\boxed{b}$ span$\{e_1 + e_2 + e_3, e_3 - e_1\}$; $\boxed{c}$ $\{(x,y,z,t) \in \mathbb{R}^4 \mid x - y = 0, z + t = 0\}$; $\boxed{d}$ span$\{e_1, e_3 - e_4\}$.

92. Sia $f \in \text{End}(V)$ diagonalizzabile t.c. $f^3 = 0$. Allora: $\boxed{a}$ $f^2 = 0$; $\boxed{b}$ $\ker f = 0$; $\boxed{c}$ $\ker f \subset \text{Imm} f$; $\boxed{d}$ $\dim \ker f = 1$.

93. In $\mathbb{R}^3$ le rette $r(t) = (1 - t, t - 1, 2)$ ed $s(t) = (t - 1, 1 - t, 1)$ sono tra loro: $\boxed{a}$ uguali; $\boxed{b}$ parallele; $\boxed{c}$ sghembe; $\boxed{d}$ incidenti.

94. In $\mathbb{R}^3$ la distanza tra il punto $p = (1, 0, -1)$ ed il piano π di equazione $x - y + z = 1$ è $\boxed{a}$ positiva; $\boxed{b}$ nulla; $\boxed{c}$ negativa; $\boxed{d}$ π non è un piano.

95. In $\mathbb{R}^2$ la matrice della forma bilineare $b(\begin{pmatrix} x_1 \\ x_2 \end{pmatrix}, \begin{pmatrix} y_1 \\ y_2 \end{pmatrix}) = (x_1 + x_2)y_2$ nella base $\begin{pmatrix} 1 \\ 1 \end{pmatrix}, \begin{pmatrix} 1 \\ 0 \end{pmatrix}$ è:
$\boxed{a}$ $\begin{pmatrix} 2 & 0 \\ 1 & 0 \end{pmatrix}$; $\boxed{b}$ $\begin{pmatrix} 1 & 2 \\ 1 & 1 \end{pmatrix}$; $\boxed{c}$ $\begin{pmatrix} 0 & 1 \\ 0 & 2 \end{pmatrix}$; $\boxed{d}$ $\begin{pmatrix} 0 & 1 \\ 0 & 1 \end{pmatrix}$.

96. In $\mathbb{R}^4$ la dimensione di span$\{xyzt = 0\}$ è: $\boxed{a}$ 1; $\boxed{b}$ 2; $\boxed{c}$ 3; $\boxed{d}$ 4.

97. In $\mathbb{R}^3$ siano $v_1 = (1,2,3), v_2 = (4,5,6), v_3 = (7,8,9)$ e $w_1 = (1,1,1), w_2 = (2,2,2), w_3 = (3,3,3)$. Una $f \in \text{End}(\mathbb{R}^3)$ tale che $f(v_i) = w_i$ per ogni i: $\boxed{a}$ non esiste; $\boxed{b}$ esiste ed è unica; $\boxed{c}$ esiste ma non è unica; $\boxed{d}$ nessuna delle altre.

98. Le coordinate di $(1 + i, -1 + i, i)$ rispetto alla base $\{(0,1,1), (1, i - 1, 0), (0, i, 0)\}$ di $\mathbb{C}^3$ sono: $\boxed{a}$ $(i, 1 + i, -i)$; $\boxed{b}$ $(i, 1 + i, i)$; $\boxed{c}$ $(i, 1, i)$; $\boxed{d}$ $(1 + i, -1)$.

99. Su $\mathbb{R}_{\leq 1}[x]$ con base $1, x$, la matrice associata al prodotto scalare $\langle p, q \rangle = 6 \int_0^1 p(x)q(x)dx$ è:
$\boxed{a}$ $\begin{pmatrix} 6 & 3 \\ 3 & 2 \end{pmatrix}$; $\boxed{b}$ $\begin{pmatrix} 2 & 2 \\ 2 & 8/3 \end{pmatrix}$; $\boxed{c}$ $\begin{pmatrix} 1/3 & 1/2 \\ 1/2 & 1 \end{pmatrix}$; $\boxed{d}$ $\begin{pmatrix} 12 & 24 \\ 24 & 64 \end{pmatrix}$.

100. La forma di Jordan reale della rotazione di $\mathbb{R}^3$ di angolo $\alpha = \pi/3$ intorno all'asse Z è:
$\boxed{a}$ $\begin{pmatrix} \cos\alpha & -\sin\alpha & 0 \\ \sin\alpha & \cos\alpha & 0 \\ 0 & 0 & 1 \end{pmatrix}$; $\boxed{b}$ $\begin{pmatrix} \cos\alpha & 0 & 0 \\ 0 & \sin\alpha & 0 \\ 0 & 0 & 1 \end{pmatrix}$; $\boxed{c}$ $\begin{pmatrix} 1 & 1 & 0 \\ 0 & 1 & 1 \\ 0 & 0 & 1 \end{pmatrix}$; $\boxed{d}$ non esiste.

101. Gli autovalori di $f(x,y,z) = (3z, x - y - z, x)$ sono: $\boxed{a}$ $1, 2, 3$; $\boxed{b}$ $1, 0, -1$; $\boxed{c}$ $1, -1, 3$; $\boxed{d}$ $\pm\sqrt{3}, -1$.

102. Quale delle seguenti espressioni per $f(X)$ rapprensenta un'isometria di $\mathbb{R}^2$? $\boxed{a}$ $\begin{pmatrix} 1 & 0 \\ 0 & 1 \end{pmatrix} X + \begin{pmatrix} 0 \\ 1 \end{pmatrix}$; $\boxed{b}$ $\begin{pmatrix} 1 & 1 \\ 0 & 1 \end{pmatrix} X$; $\boxed{c}$ $\begin{pmatrix} 1 & 1 \\ 1 & 2 \end{pmatrix} X$; $\boxed{d}$ Nessuna delle precedenti.

103. La dimensione di $\mathbb{C}$ su $\mathbb{R}$ è: $\boxed{a}$ 1; $\boxed{b}$ 2; $\boxed{c}$ 3; $\boxed{d}$ 4.

104. Quale dei seguenti insiemi costituisce una base di $\mathbb{C}_{\leq 2}[x]$ come spazio vettoriale su $\mathbb{C}$? $\boxed{a}$ $\{1, i, ix, x, ix^2, x^2\}$; $\boxed{b}$ $\{i, 1, x, x^2\}$; $\boxed{c}$ $\{x, 1 + x^2, (1 + x)^2\}$; $\boxed{d}$ $\{1 + x, i - x, x^2\}$.

105. Quali sono equazioni cartesiane per $V = \text{span}\{(1,2,i), (i,0,-3)\} \subseteq \mathbb{C}^3$? $\boxed{a}$ $3x - y + iz = 0$; $\boxed{b}$ $6x + 3y + iz = 0$; $\boxed{c}$ $x + y = 0$; $\boxed{d}$ $6x - 3y + 2z = 0$.

106. La dimensione di $\{f \in \hom(\mathbb{R}^2, \mathbb{R}^3) \mid \text{Imm} f \subseteq \text{span}(1,1,1)\}$ è: $\boxed{a}$ 6; $\boxed{b}$ 1; $\boxed{c}$ 2; $\boxed{d}$ 4.

107. Se $v_1, \ldots, v_n$ sono dei generatori di uno spazio vettoriale V, allora: $\boxed{a}$ sono linearmente indipendenti; $\boxed{b}$ $\dim(V) = n$; $\boxed{c}$ V ha dimensione finita; $\boxed{d}$ nessuna delle precedenti.

108. L'ortogonale di $(1, -1, 3)$ rispetto a $b(x,y) = 2x_2y_2 + x_2y_3 + x_3y_2$ è: $\boxed{a}$ $y - z = 0$; $\boxed{b}$ $x + 2y + 2z = 0$; $\boxed{c}$ $y + 6x = 0$; $\boxed{d}$ $x - y = 3z$.

109. Le coordinate di $\begin{pmatrix} 0 & -1 \\ 0 & 2 \end{pmatrix}$ rispetto alla base $\begin{pmatrix} 0 & 0 \\ 0 & 1 \end{pmatrix}, \begin{pmatrix} 0 & 0 \\ 1 & 1 \end{pmatrix}, \begin{pmatrix} 0 & 1 \\ 1 & 2 \end{pmatrix}, \begin{pmatrix} 1 & 1 \\ 1 & 0 \end{pmatrix}$ di $\mathcal{M}_{2\times 2}(\mathbb{R})$ sono: $\boxed{a}$ $(3, -1, 1, 0)$; $\boxed{b}$ $(3, -1, -1, 0)$; $\boxed{c}$ $(3, 1, -1, 0)$; $\boxed{d}$ $(3, 1 - 1, 1)$.

110. Quale delle seguenti è una base di $\mathbb{C}_{\leq 3}[x]$? [a] $1 + ix + x^2, 1 + (1-i)x^2, 2i - x + x^2, x^3$; [b] $x^2 + 1, x + i, x^3$; [c] $1, x, x^2$; [d] nessuna delle precedenti.

111. Quale di questi elementi completa $\{x^2 - 2x - 1, 2x\}$ ad una base di $\mathbb{R}_{\leq 2}[x]$? [a] $(x+1)(x-1)$; [b] $(x+1)^2$; [c] $(x+1)^2 - (x+1)(x-1) - 2$; [d] nessuno.

112. Gli autovalori di $\begin{pmatrix} 1 & i & 0 & 0 \\ 0 & 0 & -i & 0 \\ 0 & i & 0 & 0 \\ i & i-1 & 0 & 1 \end{pmatrix}$ sono: [a] ± 1; [b] $\pm 1, \pm i$; [c] $1, \pm i$; [d] $1, i$.

113. Per quali valori di k al matrice $\begin{pmatrix} k & 2 & k-1 \\ 2 & -k-4 & 1 \\ k-1 & 1 & 1 \end{pmatrix}$ rappresenta un prodotto scalare?

[a] nessun valore di k; [b] $k > 0$; [c] $k > -2$; [d] $0 < k < 2$.

114. In $\mathbb{R}^3$ le rette $r(t) = (1 - t, t - 1, 2)$ ed $s = \{x + y + z = 1, z = 1\}$ sono tra loro: [a] uguali; [b] parallele; [c] sghembe; [d] incidenti.

115. Su $\mathbb{Z}_2$ il rango di $\begin{pmatrix} 1 & 1 & -1 & 1 & -1 & -1 \\ 1 & -1 & 1 & -1 & 1 & -1 \\ -1 & 1 & 1 & -1 & -1 & 1 \end{pmatrix}$ è: [a] 1; [b] 2; [c] 3; [d] 4.

116. La dimensione di $\mathrm{End}(\mathbb{R}^2)$ è: [a] 4; [b] 8; [c] 2; [d] ∞.

117. Sia $f \in \mathrm{hom}(\mathbb{R}^6, \mathbb{R}^4)$ con $\mathrm{Imm}(f) \subseteq \mathrm{span}\{e_1 - e_2, e_2 + e_4, e_1 + e_4\}$. Allora: [a] $\dim(\ker f) \geq 4$; [b] $\dim(\ker f) = 3$; [c] $\dim(\ker f) \leq 3$; [d] $\dim(\ker f) = 4$.

118. Quale matrice è simile a $\begin{pmatrix} 2 & 3 \\ 0 & 4 \end{pmatrix}$? [a] $\begin{pmatrix} 2 & 0 \\ 0 & 4 \end{pmatrix}$; [b] $\begin{pmatrix} 0 & 2 \\ 1 & 0 \end{pmatrix}$; [c] $\begin{pmatrix} 1 & 2 \\ 0 & 0 \end{pmatrix}$; [d] $\begin{pmatrix} 1 & 1 \\ 0 & 2 \end{pmatrix}$.

119. L'equazione del piano passante per $(1, 0, 0), (0, 1, 1)$ e $(0, -2, 0)$ è [a] $2x - y + 3z = 2$; [b] $x + y + z = 0$; [c] $2x - y + 3z = 0$; [d] nessuna

120. Quali sono equazioni cartesiane per $V = \mathrm{span}\{(2, 3, 0), (0, 1, 1)\} \subseteq \mathbb{R}^3$? [a] $3x - 2y - 2z = 0$; [b] $z = 3x$; [c] $x - y = 0$; [d] $3x - 2y + 2z = 0$.

121. In $\mathbb{R}^2$ lo span di $\{(x, y) \mid xy = 0\}$ è: [a] $\mathbb{R}^2$; [b] $\{x = 0\}$; [c] nessuna delle altre; [d] $\{y = 0\}$.

122. Le coordinate di $(i - ix)^2$ rispetto alla base $\{i, ix, x^2 - i\}$ di $\mathbb{C}_{\leq 2}[x]$ sono: [a] $(1, -2i, 1)$; [b] $(i, -2i, 0)$; [c] $(i, -i)^2$; [d] $(i - 1, -2i, -1)$.

123. Siano dati in $\mathbb{R}^3$ i sottospazi $V = \mathrm{span}\{e_1 + e_2, e_2 - e_3\}$ e $W = \{(x, y, z) \in \mathbb{R}^3 \mid x - y + z = 0\}$. Qualo tra questi spazi ha dimensione minore? [a] V; [b] $V + W$; [c] $V \cap W$; [d] $\mathbb{R}^3$.

124. Quale di questi insiemi di vettori genera $\mathbb{R}_{\leq 3}[x]$? [a] $x, x^2, (x+1)^3, x^4$; [b] x, x^2, x^3; [c] $2 - x, (x+1)^3, x^2 - x, x, 1 + x - x^2$; [d] nessuno.

125. In $\mathbb{R}^3$ quante soluzioni ha il sistema $\begin{cases} x + z = 0 \\ x + y + z = 0 \\ y + z = 0 \end{cases}$ [a] 0; [b] 1; [c] 2; [d] ∞.

126. In $\mathbb{R}^3$ la distanza di $(1, 1, -1)$ dal piano $y - z = 0$ è: [a] 1; [b] π; [c] $\sqrt{2}$; [d] $2\sqrt{2}$.

127. La dimensione di $\{f \in \mathrm{hom}(\mathbb{R}^3, \mathbb{R}^4) : f(e_1) = f(e_2), e_3 \in \ker f\}$ è: [a] 8; [b] 6; [c] 4; [d] 2.

128. Se d è la distanza indotta da un prodotto scalre $\langle \cdot, \cdot \rangle$ su V allora: [a] $d(\lambda v, \lambda w) = \lambda^2 d(v, w)$; [b] $d(\lambda v, w) = \lambda d(v, w)$; [c] $d(\lambda v, \lambda w) = \lambda d(v, w)$; [d] $d(\lambda v, \lambda w) = d(v, w)$.

129. Le rette di $\mathbb{R}^3$ $r = \{x - y = 1, z = 2\}$ e $s = \{2x - y = 0, x + z = 1\}$ sono tra loro: [a] parallele; [b] incidenti; [c] uguali; [d] sghembe.

130. In $\mathbb{R}_{\leq 5}[x]$ distanza tra x^2 e 1 rispetto al prodotto scalare $\langle p, q \rangle = \int_0^1 p(x)q(x)dx$ è:
[a] $1/3$; [b] $1/\sqrt{4}$; [c] $1/\sqrt{3}$; [d] $2\sqrt{2/15}$.

131. Quale dei seguenti insiemi di vettori costituisce una base per $\mathbb{R}_{\leq 2}[x]$?
[a] $1, -1, x$; [b] $1, x$; [c] $x - 1, x + 1, (x - 1)(x + 1)$; [d] $1, x, x^2, x^3$.

132. Gli autovalori di $f(x, y, z) = (x, -2y + z, z)$ sono: [a] $1, -2$; [b] $-1, 0$; [c] $1, -1, 0$; [d] $1, 0, 2$.

133. Una base dello spazio delle soluzioni del sistema $AX = 0$ con $A = \begin{pmatrix} 1 & 0 & 0 \\ 0 & 0 & 1 \end{pmatrix}$ è:

[a] $(1, 0, 0)$; [b] $(0, 1, 0)$; [c] $(0, 0, 1)$; [d] Nessuna delle altre.

134. Quale delle seguenti è una base di $\mathbb{C}_{\leq 2}[x]$? [a] $1 + ix + x^2, 1 + (1 - i)x^2, 2i - x + x^2$;
[b] $x^2 + 1, x + i$; [c] x, x^2; [d] $1 + x - ix^2, x^2 + i, x$.

135. L'inversa di $\begin{pmatrix} 1 & -1 \\ 0 & 1 \end{pmatrix}$ è: [a] $\begin{pmatrix} 1 & 0 \\ -1 & 1 \end{pmatrix}$; [b] $\begin{pmatrix} 1 & 1 \\ 0 & 1 \end{pmatrix}$; [c] $\begin{pmatrix} 1 & -1 \\ 0 & 1 \end{pmatrix}$; [d] $\begin{pmatrix} 1 & -1 \\ -1 & 1 \end{pmatrix}$.

136. Un'applicazione lineare da $\mathcal{M}_{2 \times 15}(\mathbb{K}) \to \mathbb{K}_{\leq 28}[x]$ non può:
[a] esistere; [b] essere iniettiva; [c] essere suriettiva; [d] nessuna delle altre.

137. In $\mathbb{R}^4$ l'ortogonale di span$\{e_1 + e_2, e_3 - e_4\}$ è: [a] $\{(x, y, z, t) \in \mathbb{R}^4 \mid x + y = 0\}$;
[b] span$\{e_1 + e_2 + e_3, e_3 - e_1\}$; [c] span$\{e_1 - e_2, e_3 + e_4\}$; [d] $\{(x, y, z, t) \in \mathbb{R}^4 \mid x = y, z = -t\}$.

138. Le coordinate di $(1, -1, 2)$ rispetto alla base $\{(0, 0, 1), (3, -1, 2), (1, 2, 1)\}$ di $\mathbb{R}^3$ sono:
[a] $(1, -1, 2)$; [b] $(\frac{10}{7}, \frac{3}{7}, \frac{-2}{7})$; [c] $(\frac{-10}{7}, \frac{-3}{7}, \frac{2}{7})$; [d] $(10, 3, -2)$.

139. Il rango di $A \in \mathcal{M}_{4 \times 4}(\mathbb{Z}_2)$, $A = \begin{pmatrix} 1 & 1 & 0 & 1 \\ 0 & 1 & 1 & 0 \\ 0 & 0 & 1 & 1 \\ 1 & 0 & 0 & 0 \end{pmatrix}$ è: [a] 1; [b] 2; [c] 3; [d] 4.

140. La matrice della forma bilineare $b((x, y), (x', y')) = xx' - 2yx' + y'x$, nella base canonica di $\mathbb{R}^2$ è:
[a] $\begin{pmatrix} 1 & 1 \\ -2 & 0 \end{pmatrix}$; [b] $\begin{pmatrix} 0 & 1 \\ -2 & 0 \end{pmatrix}$; [c] $\begin{pmatrix} 0 & -2 \\ 1 & 0 \end{pmatrix}$; [d] $\begin{pmatrix} 1 & -1 \\ -1 & 1 \end{pmatrix}$.

141. Sia $f(x, y, z) = (x + 2y, y - z, x + y + z)$. Quali dei seguenti è autovettore di f?
[a] $(1, -1, -1)$; [b] $(1, 1, 1)$; [c] $(1, 2, 3)$; [d] nessuno dei precedenti.

142. Quale dei seguenti insiemi di vettori genera $\mathbb{R}_{\leq 2}[x]$?
[a] tutti; [b] $1, x, x^2, 45x - 71x^2$; [c] $x^2, (x + 1)^2, 114x, 65$; [d] $x, (x + 1)^2, (x - 4)(x + 4)$.

143. Il polinomio caratteristico di $f(x, y, z) = (x + y + z, x + y + z, x + y + z)$ è:
[a] $\lambda(3 - \lambda)^2$; [b] $\lambda^2(\sqrt{3} - \lambda)$; [c] $\lambda^2(1 - \lambda)$; [d] $\lambda^2(3 - \lambda)$.

144. Calcolare l'inversa di $\begin{pmatrix} 1 & 0 & -2 \\ 0 & 3 & 1 \\ 1 & 1 & -1 \end{pmatrix}$.

[a] $\begin{pmatrix} -2 & -1 & 3 \\ \frac{1}{2} & \frac{1}{2} & \frac{-1}{2} \\ \frac{-3}{2} & \frac{-1}{2} & \frac{3}{2} \end{pmatrix}$; [b] $\begin{pmatrix} -1 & \frac{-3}{2} & 0 \\ -1 & \frac{-1}{2} & \frac{-3}{2} \\ \frac{-1}{2} & -1 & 0 \end{pmatrix}$; [c] $\begin{pmatrix} -4 & -2 & 6 \\ 1 & 1 & -1 \\ -3 & -1 & 1 \end{pmatrix}$; [d] $\begin{pmatrix} 1 & 0 & -2 \\ 0 & 3 & 1 \\ 1 & 1 & -1 \end{pmatrix}$.

145. In $\mathbb{R}^3$ la distanza di $(-1, 0, 0)$ dal piano $\{x - y - z = 1\}$ è: [a] 0; [b] $\frac{2}{\sqrt{3}}$; [c] $\frac{-2}{\sqrt{3}}$; [d] $\sqrt{2}$.

146. La conica di equazione $x^2 + 2y + 1 = 0$ è una: [a] ellisse; [b] iperbole; [c] parabola; [d] retta.

147. Quale di queste applicazioni non è lineare?
[a] $f(x, y) = 3x$; [b] $A \mapsto A^{-1}$; [c] $f(x, y, z) = (2y - 2x, 4x, 3z - 4x)$; [d] $A \mapsto A^T$.

148. Se 2 è autovalore per un endomorfismo $f : \mathbb{R}^3 \to \mathbb{R}^3$ allora:
[a] $f(x) = x^2$; [b] $f(x) = 2$; [c] $f(x) = \lambda x$; [d] nessuna delle precedenti.

149. La matrice della forma bilineare di $\mathbb{R}^2$ data da $b((x,y),(x',y')) = xy' + x'y + xx'$, rispetto alla base $\mathcal{B} = \{(-1,0),(0,-1)\}$ è: $\boxed{a}$ $\begin{pmatrix} 0 & 2 \\ 2 & 0 \end{pmatrix}$; $\boxed{b}$ $\begin{pmatrix} 1 & 0 \\ 0 & 1 \end{pmatrix}$; $\boxed{c}$ $\begin{pmatrix} 1 & 1 \\ 1 & 0 \end{pmatrix}$; $\boxed{d}$ $\begin{pmatrix} 1 & -1 \\ -1 & 0 \end{pmatrix}$.

150. La matrice associata a $f(x,y) = (x+y, 2x-y)$ rispetto alla base $v_1 = (1,2), v_2 = (1,-1)$ è:
$\boxed{a}$ $\begin{pmatrix} 1 & 0 \\ 2 & -1 \end{pmatrix}$; $\boxed{b}$ $\begin{pmatrix} 1 & -1 \\ 1 & 1 \end{pmatrix}$; $\boxed{c}$ $\begin{pmatrix} 1 & 0 \\ 0 & 1 \end{pmatrix}$; $\boxed{d}$ $\begin{pmatrix} 1 & 1 \\ 2 & -1 \end{pmatrix}$.

151. Sia $A = \begin{pmatrix} 1 & 0 \\ 2 & -1 \end{pmatrix}$ e sia $b \in \text{bil}(\mathbb{R}^2)$ definita da $b(X,Y) = \det(AM)$ ove M è la matrice che ha X,Y come colonne. La matrice di b nella base canonica di $\mathbb{R}^2$ è:
$\boxed{a}$ $\begin{pmatrix} 0 & 1 \\ 1 & 0 \end{pmatrix}$; $\boxed{b}$ $\begin{pmatrix} 0 & -1 \\ -1 & 0 \end{pmatrix}$; $\boxed{c}$ $\begin{pmatrix} 0 & -1 \\ 1 & 0 \end{pmatrix}$; $\boxed{d}$ $\begin{pmatrix} 0 & 1 \\ -1 & 0 \end{pmatrix}$.

152. In $\mathbb{R}^2$ con la base canonica, la matrice della rotazione di angolo $\pi/3$ in senso antiorario è:
$\boxed{a}$ $\frac{1}{2}\begin{pmatrix} \sqrt{3} & -1 \\ 1 & \sqrt{3} \end{pmatrix}$; $\boxed{b}$ $\frac{1}{2}\begin{pmatrix} \sqrt{3} & 1 \\ -1 & \sqrt{3} \end{pmatrix}$; $\boxed{c}$ $\frac{1}{2}\begin{pmatrix} 1 & \sqrt{3} \\ -\sqrt{3} & 1 \end{pmatrix}$; $\boxed{d}$ $\frac{1}{2}\begin{pmatrix} 1 & -\sqrt{3} \\ \sqrt{3} & 1 \end{pmatrix}$.

153. La segnatura (n_0, n_+, n_-) di $\begin{pmatrix} 1 & 1 \\ 1 & 1 \end{pmatrix}$ è: $\boxed{a}$ $(1,1,1)$; $\boxed{b}$ $(0,1,2)$; $\boxed{c}$ $(1,1,0)$; $\boxed{d}$ $(0,1,0)$.

154. In $\mathbb{R}^4$, le coordinate di $(1,2,3,4)$ nella base $v_1 = (1,2,2,1)$, $v_2 = (0,1,2,1)$, $v_3 = (0,0,1,2)$, $v_4 = (0,0,0,1)$ sono: $\boxed{a}$ $(1,2,3,4)$; $\boxed{b}$ $(1,-1,1,-1)$; $\boxed{c}$ $(1,1,1,1)$; $\boxed{d}$ $(1,0,1,1)$.

155. Se $A = M^T B M$ con $A, B \in \mathcal{M}_{n \times n}(\mathbb{R})$ simmetriche e M invertibile: $\boxed{a}$ $\det A = 0 \Leftrightarrow \det B = 0$; $\boxed{b}$ rango A = rango B; $\boxed{c}$ A e B hanno la stessa segnatura; $\boxed{d}$ tutte le precedenti sono vere.

156. La matrice associata a $f(x,y) = (2x, x+y)$ rispetto alla base $(1,1), (1,0)$ è:
$\boxed{a}$ $\begin{pmatrix} 2 & 1 \\ 0 & 1 \end{pmatrix}$; $\boxed{b}$ $\begin{pmatrix} 1 & 1 \\ 1 & 0 \end{pmatrix}$; $\boxed{c}$ $\begin{pmatrix} 0 & 1 \\ 2 & 1 \end{pmatrix}$; $\boxed{d}$ nessuna delle precedenti.

157. La conica di equazione $x + y^2 + 2y + 1 = 0$ è:
$\boxed{a}$ un'ellisse; $\boxed{b}$ un'iperbole; $\boxed{c}$ una parabola; $\boxed{d}$ nessuna delle precedenti.

158. Quali dei seguenti gruppi di vettori sono affinemente indipendenti tra loro?
$\boxed{a}$ $\begin{pmatrix} 1 \\ 0 \end{pmatrix}, \begin{pmatrix} 1 \\ 0 \end{pmatrix}, \begin{pmatrix} 0 \\ 1 \end{pmatrix}$; $\boxed{b}$ $\begin{pmatrix} 1 \\ 0 \end{pmatrix}, \begin{pmatrix} 0 \\ 1 \end{pmatrix}, \begin{pmatrix} -1 \\ 2 \end{pmatrix}$; $\boxed{c}$ $\begin{pmatrix} 1 \\ -1 \end{pmatrix}, \begin{pmatrix} 2 \\ 0 \end{pmatrix}, \begin{pmatrix} 0 \\ -2 \end{pmatrix}$; $\boxed{d}$ nessuno dei precedenti .

159. Quale base è ortonormale per il prodotto scalare standard di $\mathbb{R}^2$?
$\boxed{a}$ $e_1, -e_2$; $\boxed{b}$ $e_1 + 2e_2, e_1 - e_2$; $\boxed{c}$ $e_1 - e_2, 2e_1 + e_2$; $\boxed{d}$ nessuna delle altre.

160. In $\mathbb{R}^3$ le rette $r = \{(x,y,z) : x - y = y - z = 1\}$ ed $s = \text{span}(1,2,1)$ sono tra loro:
$\boxed{a}$ parallele; $\boxed{b}$ sghembe; $\boxed{c}$ incidenti; $\boxed{d}$ uguali.

161. Quali dei seguenti elementi di $\mathbb{R}_{\leq 3}[x]$ sono linearmente indipendenti tra loro?
$\boxed{a}$ $1, 1+x, 1-x$; $\boxed{b}$ $(1+x), (x-1)$; $\boxed{c}$ $0, x, (1+x)^3$; $\boxed{d}$ $1, x, 1-x, 2-x^2$.

162. La matrice della forma $b(x,y) = 2x_1y_1 - 3x_2y_1 + x_3y_2$ rispetto alla base $\{e_3, e_2, e_1\}$ di $\mathbb{R}^3$ è:
$\boxed{a}$ $\begin{pmatrix} 0 & 1 & 0 \\ 0 & 0 & -3 \\ 0 & 0 & 2 \end{pmatrix}$; $\boxed{b}$ $\begin{pmatrix} 2 & 0 & 0 \\ -3 & 0 & 0 \\ 0 & 1 & 0 \end{pmatrix}$; $\boxed{c}$ $\begin{pmatrix} 2 & -3 & 0 \\ -3 & 0 & 1 \\ 0 & 1 & 0 \end{pmatrix}$; $\boxed{d}$ $\begin{pmatrix} 0 & 2 & 0 \\ 1 & 3 & 0 \\ 1 & 0 & 1 \end{pmatrix}$.

163. In $\mathbb{R}^3$ le rette $r = \{z = x, y = 1\}$ e $s = \{2x + 4y - z = 0, z = 3x - 1\}$ sono tra loro:
$\boxed{a}$ parallele, $\boxed{b}$ incidenti, $\boxed{c}$ uguali, $\boxed{d}$ sghembe.

164. la segnatura (n_0, n_+, n_-) di $\begin{pmatrix} 1 & 1 & 1 \\ 1 & 1 & 1 \\ 1 & 1 & 1 \end{pmatrix}$ è? $\boxed{a}$ $(2,1,0)$; $\boxed{b}$ $(1,1,1)$; $\boxed{c}$ $(0,1,1)$; $\boxed{d}$ $(0,2,0)$.

165. La conica di equazione $(x+y)^2 + 3y^2 + 1 - 2x - 4y + 2xy = 0$ è una:
$\boxed{a}$ Ellisse ; $\boxed{b}$ Parabola; $\boxed{c}$ Iperbole; $\boxed{d}$ Retta.

166. Sia $f(x,y) = (x + 2y, -x + y) \in \text{End}(\mathbb{R}^2)$. La matrice di f nella base $v_1 = \begin{pmatrix} 1 \\ 2 \end{pmatrix}, v_2 = \begin{pmatrix} -1 \\ 1 \end{pmatrix}$ è:

a $\begin{pmatrix} 1 & -1 \\ 2 & 1 \end{pmatrix}$; b $\begin{pmatrix} 5 & 1 \\ 1 & 2 \end{pmatrix}$; c $\begin{pmatrix} 1 & 2 \\ -1 & 1 \end{pmatrix}$; d $\begin{pmatrix} 2 & 1 \\ -3 & 0 \end{pmatrix}$.

167. Qual è il vettore di $\mathbb{R}^3$ che ha coordinate $(1, 2, 1)$ rispetto alla base $e_1 + e_2, e_2 + e_1, e_2 + e_3$?

a $(1, 2, 1)$; b $(1, 2, 3)$; c $(3, 4, 1)$; d Quella proposta non è una base.

168. In $\mathbb{R}_{\leq 2}[x]$, le coordinate di $(x+1)(x+2)$ rispetto alla base $\{x+1, x^2 + x, 1\}$ sono:

a $(1, 1, 1)$; b $(-1, 0, 1)$; c $(2, 1, 0)$; d $(2, 1, -1)$.

169. In $\mathbb{R}^3$ siano $v_1 = (1, 2, 3), v_2 = (4, 5, 6), v_3 = (7, 8, 9)$ e $w_1 = (1, 1, 0), w_2 = (1, 0, 1), w_3 = (1, -1, 2)$. Una $f \in \text{End}(\mathbb{R}^3)$ tale che $f(v_i) = w_i$ per ogni i:

a non esiste; b esiste ed è unica; c esiste ma non è unica; d nessuna delle altre.

170. Le coordinate di $(2 - ix)^2$ rispetto alla base $\{2, ix, x^2 + ix + 2\}$ di $\mathbb{C}_{\leq 2}[x]$ sono:

a $(3, -3, -1)$; b $(-3, 3, 11)$; c $(2, -i)^2$; d $(3i, i, 1)$.

171. Le coordinate di $\begin{pmatrix} 7i & 0 \\ 1 & 1 \end{pmatrix}$ rispetto alla base $\begin{pmatrix} i & 0 \\ 0 & 0 \end{pmatrix}, \begin{pmatrix} i & i \\ 0 & 0 \end{pmatrix}, \begin{pmatrix} i & i \\ i & 0 \end{pmatrix}, \begin{pmatrix} i & 0 \\ i & i \end{pmatrix}$ di $\mathcal{M}_{2\times 2}(\mathbb{C})$

sono: a $(7 + i, 0, 0, -i)$; b $(7, 0, 0, i)$; c $(7i, 0, 1, 1)$; d nessuna delle altre.

172. Il polinomio caratteristico di $f(x, y, z) = (0, x - y - 2z, z - x)$ è

a $(x+1)(x-1)(1-x)$; b $x^2 - 1$; c $(x-1)^3$; d nessuno dei precedenti.

173. La conica di equazione $(x+y)^2 - (x+y) = 0$ è:

a un'ellisse; b una parabola; c un'iperbole; d nessuna delle precedenti.

174. La conica di equazione $(x+y)^2 - (x-y)^2 + x^2 + y^2 = 0$ è una:

a Ellisse ; b Parabola; c Iperbole; d Coppia di rette incidenti.

175. Le coordinate di $1 - x + x^2$ rispetto alla base $1, 1+x, x^2$ di $\mathbb{R}_{\leq 2}[x]$ sono:

a $(1, -1, 1)$; b $(2, -1, 1)$; c $(0, 1, 0)^2$; d $(-1, 2, 1)$.

176. Il rango di $\begin{pmatrix} 1 & 0 & 1 & 0 \\ 1 & 1 & 1 & 1 \\ 2 & -1 & 2 & -1 \end{pmatrix}$ è: a 1; b 2; c 3; d 4.

177. La forma bilineare su $\mathbb{R}_{\leq 2}[x]$ definita da $b(p, q) = p(1)q(1)$ è:

a simmetrica; b antisimmetrica; c un prodotto scalare; d definita positiva.

178. Sia A una matrice 3x3 a coefficienti reali. Allora $\det(A^t A) = ?$

a 0; b 1 ; c $\det A^2$; d Nessuna delle altre.

179. In $\mathbb{R}^3$ le rette $r = \{(x, y, z) : x - y = y - z = 1\}$ ed $s = \text{span}(1, 1, 1)$ sono tra loro:

a parallele; b sghembe; c incidenti; d uguali.

180. Se $A, B \in \mathcal{M}_{n\times n}(\mathbb{R})$, allora: a $\text{rango}(A) = \text{rango}(B)$; b $\text{rango}(A - B) = \text{rango}(A) - \text{rango}(B)$; c $\text{rango}(A + B) \leq \text{rango}(A) + \text{rango}(B)$; d $\text{rango}(A + B) \geq \text{rango}(A) + \text{rango}(B)$

181. Quanti bolcchi ha la forma di Jordan della matrice $\begin{pmatrix} 1 & 1 & 0 \\ 0 & 2 & 1 \\ 0 & 0 & 1 \end{pmatrix}$?

a 1; b 2; c 3; d La matrice non ammette forma di Jordan.

182. L'equazione della retta affine passante per $(1, 0, 0)$ e $(1, 1, 1)$ è:

a; $\begin{cases} x + y + z = 0 \\ x + y = 0 \end{cases}$ b $\begin{cases} x - y - z = 0 \\ y = 1 \end{cases}$; c $\begin{cases} y - z = 0 \\ x = 1 \end{cases}$; d $\begin{cases} x + z = 0 \\ z - y = 1 \end{cases}$.

183. Gli autovalori di $f(x, y, z) = (x + z, -y + z, x + z)$ sono:

a $0, 1, 2$; b $0, -1, 2$; c $0, -1$; d $0, 1, -1$.

184. Sia $f : \mathbb{R}^4 \to \mathbb{R}^4$ definita da $f(x,y,z,t) = (y,x,z,z+t)$. La molteplicità algebrica di 1 è:
[a] 1;   [b] 2;   [c] 3;   [d] 4.

185. Sia $A \in \mathcal{M}_{n\times n}(\mathbb{R})$ con $A_{ij} = i \cdot j$ per $i,j = 1\dots n$ (la tavola pitagorica). Allora A è:
[a] invertibile;   [b] diagonalizzabile;   [c] ortogonale;   [d] nessuna delle precedenti.

186. Quale delle seguenti funzioni è lineare?
[a] $f(x,y) = x+y$;   [b] $f(x,y) = (x+y, y-1)$;   [c] $f(x,y) = x/y$;   [d] Nessuna delle altre.

187. La dimensione del ker di $f(x,y,z) = (x, x-y, x-z)$ è: [a] 0;   [b] 1;   [c] 2;   [d] 3.

188. Quale delle seguenti espressioni di $f(X)$ rappresenta un'isometria di $\mathbb{R}^3$?

[a] $\begin{pmatrix} 1 & 0 & 0 \\ 0 & 1 & 0 \\ 1 & 0 & 1 \end{pmatrix} X + \begin{pmatrix} 1 \\ 0 \\ 0 \end{pmatrix}$;   [b] $\begin{pmatrix} 0 & 0 & 1 \\ 0 & 1 & 0 \\ 1 & 0 & 0 \end{pmatrix} X$;   [c] $\begin{pmatrix} 1 & 1 & 0 \\ 1 & 0 & 1 \\ 0 & 1 & 1 \end{pmatrix} X$;   [d] $\begin{pmatrix} 0 & 1 & 0 \\ 0 & 0 & 1 \\ 0 & 0 & 0 \end{pmatrix} X + \begin{pmatrix} 1 \\ 0 \\ 1 \end{pmatrix}$.

189. In $\mathbb{R}^2$ con la base canonica, la matrice della rotazione di angolo α in senso orario è:
[a] $\begin{pmatrix} \cos\alpha & \sin\alpha \\ \sin\alpha & \cos\alpha \end{pmatrix}$;   [b] $\begin{pmatrix} \cos\alpha & -\sin\alpha \\ \sin\alpha & \cos\alpha \end{pmatrix}$;   [c] $\begin{pmatrix} \cos\alpha & \sin\alpha \\ -\sin\alpha & \cos\alpha \end{pmatrix}$;   [d] $\begin{pmatrix} \sin\alpha & -\cos\alpha \\ \cos\alpha & \sin\alpha \end{pmatrix}$;.

190. La conica di equazione $x^2 - 9 = 2y^2$ è una:
[a] ellisse;   [b] parabola;   [c] iperbole;   [d] coppia di rette.

191. In $\mathbb{R}^3$ le rette $r = \{x + 2y + z = 0, x - y = 0\}$ e $s = \{x - 2y = 0, x + y + z = 3\}$ sono tra loro:
[a] sghembe;   [b] incidenti;   [c] uguali;   [d] parallele.

192. Quale delle seguenti matrici è diagonalizzabile?;
[a] $\begin{pmatrix} 1 & 0 & -1 \\ 0 & 1 & 0 \\ 1 & 0 & 1 \end{pmatrix}$;   [b] $\begin{pmatrix} 1/\sqrt{2} & 0 & 1/\sqrt{2} \\ 0 & 1 & 0 \\ -1/\sqrt{2} & 0 & 1/\sqrt{2} \end{pmatrix}$;   [c] $\begin{pmatrix} 0 & 1 & -1 \\ 1 & 0 & 0 \\ 0 & 0 & 1 \end{pmatrix}$;   [d] nessuna.

193. Gli autovalori reali di $f(x,y,z) = (x, x-z, y)$ sono: [a] $1,0,-1$;   [b] $2,1,0$;   [c] 1;   [d] $1,0$.

194. Quali delle seguenti espressioni per $b((x,y),(x',y'))$ definisce un'applicazione bilineare?
[a] $(x+y)^2 + (x'+y')^2$;   [b] $xx' + 2xy' + yy'$;   [c] $x^2 + 2xy + y^2$;   [d] $x - y'$.

195. Quale delle seguenti matrici di $\mathcal{M}_{2\times 2}(\mathbb{Z}_2)$ non commuta con $\begin{pmatrix} 0 & -1 \\ 1 & 0 \end{pmatrix}$?

[a] $\begin{pmatrix} -1 & 0 \\ 0 & 1 \end{pmatrix}$;   [b] $\begin{pmatrix} 1 & 1 \\ -1 & -1 \end{pmatrix}$;   [c] $\begin{pmatrix} 1 & 1 \\ 1 & -1 \end{pmatrix}$;   [d] Commutano tutte le precedenti.

196. Per quali valori di k al matrice $\begin{pmatrix} 1 & 0 & k^2 \\ 0 & k & 0 \\ 1 & 0 & 1 \end{pmatrix}$ è diagonalizzabile?

[a] per ogni k;   [b] $k \neq 0$;   [c] $k \neq 1/2$;   [d] $k \neq 0, 1/2$.

197. Sia $b \in bil(\mathbb{R}^3)$ la forma bilineare simmetrica associata alla forma quadratica
$q(x,y,z) = x^2 + y^2 + 4xy + 2xz + 2yz$. La matrice di b rispetto alla base canonica è:
[a] $\begin{pmatrix} 1 & 2 & 1 \\ 2 & 1 & 1 \\ 1 & 1 & 0 \end{pmatrix}$;   [b] $\begin{pmatrix} 1 & 1 & 1 \\ 1 & 1 & 2 \\ 1 & 2 & 0 \end{pmatrix}$;   [c] $\begin{pmatrix} 1 & 4 & 2 \\ 4 & 1 & 0 \\ 2 & 1 & 1 \end{pmatrix}$;   [d] $\begin{pmatrix} 1 & 4 & 2 \\ 4 & 1 & 2 \\ 2 & 2 & 0 \end{pmatrix}$.

198. La matrice associata a $f(x,y) = (x+y, x-y)$ rispetto alla base $v_1 = (1,1), v_2 = (1,-1)$ è:
[a] $\begin{pmatrix} 1 & 1 \\ 1 & -1 \end{pmatrix}$;   [b] $\begin{pmatrix} 1 & -1 \\ 1 & 1 \end{pmatrix}$;   [c] $\begin{pmatrix} 1 & 0 \\ 0 & 1 \end{pmatrix}$;   [d] $\begin{pmatrix} 1 & -1 \\ -1 & 1 \end{pmatrix}$.

199. In $\mathbb{R}^3$ la distanza tra $(1,0,3)$ ed il piano passante per i punti $(1,0,0), (0,1,0), (0,0,2)$ è:
[a] 1;   [b] 2;   [c] 3;   [d] 4.

200. In $\mathbb{R}^4$ la dimensione di $\text{span}\{x+y=1, z+2=x, t=3\}$ è: [a] 1;   [b] 2;   [c] 3;   [d] 4.

201. L'equazione del piano affine di $\mathbb{R}^3$ passante per $(1,0,1), (1,1,2)$ e $(2,1,2)$ è:
[a] $x + y - 1 = 0$ [b] $x - y - z = 0$;   [c] $x = 1$;   [d] $y - z + 1 = 0$.

202. Quale dei seguenti insiemi genera $\{(x,y,z) \in \mathbb{R}^3 : x+y+z = 0\}$? $\boxed{a}$ $(1,0,0),(0,1,0),(0,0,1)$; $\boxed{b}$ $(1,1,-2),(1,-2,1),(-2,1,1),(0,0,0)$; $\boxed{c}$ $(1,0,-1),(0,1,0)$; $\boxed{d}$ $(1,0,1),(1,1,0),(1,0,0)$.

203. Se $f \in \text{End}(\mathbb{R}^3)$ non è diagonalizzabile, allora sicuramente: $\boxed{a}$ f è invertibile; $\boxed{b}$ f non ha autovettori; $\boxed{c}$ f ha al più due autovalori distinti; $\boxed{d}$ nessuna delle precedenti.

204. Quali sono equazioni parametriche per $V = \{x - 4y + z = 0\} \subseteq \mathbb{R}^3$? $\boxed{a}$ $x = y = s, z = 4s$; $\boxed{b}$ $x = s, y = 3s, z = t$; $\boxed{c}$ $x = 4s - t, y = s, z = t$; $\boxed{d}$ nessuna.

205. Quale delle seguenti è una base di $\mathbb{C}_{\leq 2}[x]$? $\boxed{a}$ $1 + ix - x^2, 1 + (1-i)x^2, 2i - x + x^2$; $\boxed{b}$ $x^2 + 1, x - i, x + i$; $\boxed{c}$ x, x^2; $\boxed{d}$ $1 + x - ix^2, x^2 + i, x$.

206. Sia $f \in \text{End}(\mathbb{C}_{\leq 2}[x])$, $f(p) = p(i)x + (1+i)p(0)x^2$. La matrice di f nella base $i, x, -x^2$ è:

$\boxed{a}$ $\begin{pmatrix} 0 & 0 & 0 \\ i & i & 1 \\ 1-i & 0 & 0 \end{pmatrix}$; $\boxed{b}$ $\begin{pmatrix} 0 & 0 & 0 \\ i & i & 1 \\ i-1 & 0 & 0 \end{pmatrix}$; $\boxed{c}$ $\begin{pmatrix} 0 & 0 & 0 \\ i & i & -1 \\ i-1 & 0 & 0 \end{pmatrix}$; $\boxed{d}$ $\begin{pmatrix} 0 & 0 & 0 \\ i & i & -i \\ 1-i & 0 & 0 \end{pmatrix}$.

207. Siano A, B due matrici 3x3 a coefficienti reali. Allora $\det(AB) =$? $\boxed{a}$ $(\det A)/(\det B)$; $\boxed{b}$ $\det A + \det B$; $\boxed{c}$ $\det(BA)$; $\boxed{d}$ Nessuna delle precedenti.

208. Il rango di $\begin{pmatrix} 1 & 0 & 1 & 2 & 1 \\ 0 & 0 & 0 & 0 & 0 \\ 1 & 1 & 0 & 2 & 0 \end{pmatrix}$ è: $\boxed{a}$ 2; $\boxed{b}$ 4; $\boxed{c}$ 3 ; $\boxed{d}$ 5.

209. Gli autovalori di $f \in \text{End}(\mathbb{C}^3)$ data da $f(x,y,z) = (-y, x, y + 2z - x)$ sono: $\boxed{a}$ Diversi tra loro; $\boxed{b}$ $0, 2$; $\boxed{c}$ $i, 2$; $\boxed{d}$ Nessuna delle precedenti.

210. Sia V uno spazio vettoriale su un campo $\mathbb{K}$. Quale affermazione è necessariamente vera? $\boxed{a}$ V ha una base; $\boxed{b}$ $\dim(V) < \infty$; $\boxed{c}$ V è infinito; $\boxed{d}$ V ha un numero finito di vettori.

211. Sia $b \in \text{bil}(\mathbb{R}^3)$ la forma simmetrica con forma quadratica $x^2 + 2xy + y^2 + 2z^2$. La segnatura (n_0, n_+, n_-) di b è: $\boxed{a}$ $(1,2,0)$; $\boxed{b}$ $(2,1,0)$; $\boxed{c}$ $(1,0,2)$; $\boxed{d}$ $(1,1,1)$.

212. Quali sono equazioni cartesiane per $V = \text{span}\{(0,0,0),(i,0,-i)\} \subseteq \mathbb{C}^3$? $\boxed{a}$ $x + y = 0, z = 0$; $\boxed{b}$ $y = 0, x + z = 0$; $\boxed{c}$ $ix + y = 0$; $\boxed{d}$ $ix + y = 0, z = 0$.

213. Quale delle seguenti matrici di $\mathcal{M}_{2\times 2}(\mathbb{Z}_2)$ commuta con $\begin{pmatrix} 0 & -1 \\ 1 & 0 \end{pmatrix}$?

$\boxed{a}$ $\begin{pmatrix} -1 & 0 \\ 1 & 1 \end{pmatrix}$; $\boxed{b}$ $\begin{pmatrix} 1 & 1 \\ 0 & -1 \end{pmatrix}$; $\boxed{c}$ $\begin{pmatrix} 1 & 1 \\ 1 & -1 \end{pmatrix}$; $\boxed{d}$ nessuna delle precedenti.

214. L'inversa di $A = \begin{pmatrix} 1 & i \\ i & 1 \end{pmatrix}$ è: $\boxed{a}$ A; $\boxed{b}$ $\frac{1}{2}\overline{A}$; $\boxed{c}$ A^2; $\boxed{d}$ $\frac{1}{2}A^T$.

215. La matrice del coniugio di $\mathbb{C}$ rispetto alla base $\{1, i\}$ su $\mathbb{R}$ è:

$\boxed{a}$ $\begin{pmatrix} 0 & -1 \\ -1 & 0 \end{pmatrix}$; $\boxed{b}$ $\begin{pmatrix} i & 0 \\ 0 & -i \end{pmatrix}$; $\boxed{c}$ $\begin{pmatrix} 1 & 0 \\ 0 & -1 \end{pmatrix}$; $\boxed{d}$ $\begin{pmatrix} -1 & 0 \\ 0 & 1 \end{pmatrix}$.

216. Il polinomio caratteristico di $f(x,y,z) = (x + y + z, x - y - 2z, z)$ è $\boxed{a}$ $(x+1)(x-1)(1-x)$; $\boxed{b}$ $x^2 - 1$; $\boxed{c}$ $(1-x)(x^2 - 2)$; $\boxed{d}$ $(x+1)^3$.

217. Quale matrice commuta con $A = \begin{pmatrix} 1 & 1 \\ 0 & 1 \end{pmatrix}$? $\boxed{a}$ $\begin{pmatrix} 1 & 0 \\ 0 & 0 \end{pmatrix}$; $\boxed{b}$ A^2; $\boxed{c}$ $\begin{pmatrix} 0 & 0 \\ 0 & 1 \end{pmatrix}$; $\boxed{d}$ $\begin{pmatrix} 1 & 0 \\ 0 & 2 \end{pmatrix}$.

218. Quale di questi è un sottospazio vettoriale di $\mathbb{Z}_2[x]$? $\boxed{a}$ $\{p \mid p(0) = 1\}$; $\boxed{b}$ $\{p \mid p = -p\}$; $\boxed{c}$ $\{p \mid p(0) \neq 0\}$; $\boxed{d}$ $\{p \mid deg(p) > 1\}$.

219. La conica di equazione $(x - y)^2 + 2xy + 2x + 1 = 0$ è: $\boxed{a}$ una parabola; $\boxed{b}$ un punto; $\boxed{c}$ una coppia di retta incidenti; $\boxed{d}$ una retta.

220. L'immagine di $f \in \hom(\mathbb{R}^4, \mathbb{R}^3)$ associata alla matrice $\begin{pmatrix} 0 & 0 & 1 & 0 \\ 1 & -2 & 2 & 0 \\ 1 & 1 & 1 & 1 \end{pmatrix}$ ha dimensione:

[a] 0;   [b] 2;   [c] 4;   [d] nessuna delle precedenti.

221. Quante soluzioni ha il sistema $\begin{cases} x - z = 0 \\ x + y = 1 \end{cases}$ su $\mathbb{Z}_2$?   [a] 0;   [b] 4;   [c] 2;   [d] infinite.

222. Quale tra queste matrici è diagonalizzabile?

[a] $\begin{pmatrix} -1 & 2 & 0 \\ 0 & -1 & 2 \\ 0 & 0 & -1 \end{pmatrix}$;   [b] $\begin{pmatrix} 1 & 0 & 0 \\ 1 & 1 & 0 \\ 0 & 0 & 4 \end{pmatrix}$;   [c] $\begin{pmatrix} 0 & 3 & 0 \\ 0 & 0 & 0 \\ 0 & 0 & -2 \end{pmatrix}$;   [d] $\begin{pmatrix} 0 & -2 & 3 \\ -2 & 2 & 0 \\ 3 & 0 & 3 \end{pmatrix}$.

223. Date due rette affini in $\mathbb{R}^3$, quale affermazione è falsa?   [a] se si intersecano allora sono contenute in un piano affine;   [b] se sono contenute in un piano allora si intersecano;   [c] se sono sghembe generano $\mathbb{R}^3$;   [d] se le giaciture sono uguali allora sono contenute in un piano affine.

224. Quali delle seguenti è una base ortogonale per il prodotto scalare standard di $\mathbb{R}^2$?

[a] $e_1, e_1 + e_2$;   [b] $e_2 + e_1, e_2$;   [c] $e_1 + e_2, e_2 - e_1$;   [d] nessuna delle precedenti.

225. La matrice, in base canonica, della forma bilineare $b((x_1, x_2), (y_1, y_2)) = x_1 y_1 - 2 x_2 y_2$ è:

[a] $\begin{pmatrix} 1 & 0 \\ 0 & -2 \end{pmatrix}$;   [b] $\begin{pmatrix} 1 & 1 \\ 0 & -2 \end{pmatrix}$;   [c] $\begin{pmatrix} 1 & -2 \\ 0 & 1 \end{pmatrix}$;   [d] $\begin{pmatrix} -2 & 0 \\ 1 & 1 \end{pmatrix}$.

226. La matrice della forma $b(x, y) = 2 x_1 y_1 - 3 x_1 y_2$ rispetto alla base $\{(2, -1), (3, 2)\}$ di $\mathbb{R}^2$ è:

[a] $\begin{pmatrix} 0 & 3 \\ 0 & 3 \end{pmatrix}$;   [b] $\begin{pmatrix} 21 & 0 \\ 0 & -18 \end{pmatrix}$;   [c] $\begin{pmatrix} 18 & 0 \\ 36 & -9 \end{pmatrix}$;   [d] $\begin{pmatrix} 14 & 0 \\ 21 & 0 \end{pmatrix}$.

227. Gli autovalori di $f(x, y, z) = (y, 2x - z, y)$ sono: [a] $1, 0, 2$;   [b] $-1, 0$;   [c] $1, -1, 0$;   [d] $1, 0$.

228. Quante soluzioni ha in $(\mathbb{Z}_2)^3$ il sistema $\begin{cases} x = 1 \\ z + y = 1 \end{cases}$?   [a] infinite;   [b] 1;   [c] 2;   [d] 3.

229. La conica di equazione $(x - 1)^2 - (y + 1)^2 = 2$ è una

[a] ellisse ;   [b] parabola ;   [c] ipebole;   [d] retta.

230. In $\mathbb{R}^3$ le rette $r = \{2x - y = 1, z = 0\}$ e $s = \{2x - y = 2, z = 1\}$ sono tra loro:

[a] parallele;   [b] incidenti;   [c] uguali;   [d] sghembe.

231. Sia $f \in \mathrm{End}(\mathbb{R}^n)$ e sia λ un autovalore di f. Allora:

[a] λ^2 è autovalore di f^2;   [b] $-\lambda$ è autovalore di f^{-1};   [c] $\lambda > 0$;   [d] $f(v) = \lambda v$.

232. La dimensione di $\{f : \mathbb{R}^3 \to \mathbb{R}^2 : f(1, 1, 0) = (0, 0)\}$ è: [a] 6;   [b] 1;   [c] 4;   [d] 2.

233. La dimensione di $\{f \in \hom(\mathbb{R}^3, \mathbb{R}^2) | f(1, 1, 0) = f(1, 1, 1) = 0\}$ è: [a] 6;   [b] 1;   [c] 4;   [d] 2.

234. In $\mathbb{R}^3$ siano $v_1 = (1, -1, 1), v_2 = (1, 1, 1), v_3 = (1, 0, 1)$ e $w_1 = (1, 1, 1), w_2 = (1, 2, 1), w_3 = (2, 0, 2)$. Una $f \in \mathrm{End}(\mathbb{R}^3)$ tale che $f(v_i) = w_i$ per ogni i:

[a] non esiste;   [b] esiste ed è unica;   [c] esiste ma non è unica;   [d] nessuna delle altre.

235. Per quali valori di $k \in \mathbb{R}$ la matrice $\begin{pmatrix} k - 1 & 0 & 0 \\ 0 & k & 0 \\ k - 1 & 1 & 1 \end{pmatrix}$ è diagonalizzabile?

[a] $k \neq 1, 2$;   [b] $k = 2$;   [c] $k \neq 0$;   [d] $k = 1$.

236. La matrice associata al prodotto scalare standard rispetto alla base $(1, 1), (1, -1)$ è:

[a] $\begin{pmatrix} 2 & 0 \\ 0 & 2 \end{pmatrix}$;   [b] $\begin{pmatrix} 1 & 0 \\ 0 & 1 \end{pmatrix}$;   [c] $\begin{pmatrix} \sqrt{2} & 0 \\ 0 & \sqrt{2} \end{pmatrix}$;   [d] $\begin{pmatrix} 1 & 1 \\ 1 & -1 \end{pmatrix}$.

237. Quale delle seguenti matrici non è diagonalizzabile?

[a] $\begin{pmatrix} -\frac{1}{3} & -\frac{1}{3} \\ -\frac{1}{3} & \frac{1}{3} \end{pmatrix}$;   [b] $\begin{pmatrix} 0 & \frac{1}{3} \\ 0 & \frac{1}{3} \end{pmatrix}$;   [c] $\begin{pmatrix} -2 & -4 \\ 1 & 2 \end{pmatrix}$;   [d] Lo sono tutte le precedenti.

238. L'inversa di $A = \begin{pmatrix} 1 & -1 \\ 1 & 1 \end{pmatrix}$ è: [a] $\begin{pmatrix} 1 & 1 \\ 0 & 1 \end{pmatrix}$; [b] $\begin{pmatrix} 0 & 1 \\ 1 & 0 \end{pmatrix}$; [c] $\begin{pmatrix} 1 & 0 \\ 1 & -1 \end{pmatrix}$; [d] $\frac{1}{2}A^T$.

239. In $\mathbb{R}^3$ la dimensione di span$\{x = y = z = 1\}$ è: [a] 1; [b] 2; [c] 3; [d] 4.

240. Sia $f \in \text{End}(\mathcal{M}_{2\times 2}(\mathbb{R}))$ dato da $f(X) = X(\begin{smallmatrix} 1 & 1 \\ 0 & 1 \end{smallmatrix})$. Qual è la dimensione massima dei blocchi della forma di Jordan di f? [a] 4; [b] 3; [c] 2; [d] 1.

241. Sia $X = \{-3x + y = 98, 3y - 4z = 0\} \subseteq \mathbb{R}^3$; span$(X)$ ha dimensione [a] 3; [b] 2; [c] 1; [d] 0.

242. In $\mathbb{R}^3$ le rette $s = \{x + 2y - z + 1 = 0, x - y + 1 = 0\}$ e $r(t) = (t - 1, t, 3t + 3)$ sono tra loro:
[a] sghembe; [b] incidenti; [c] coincidenti; [d] parallele.

243. Siano dati in $\mathbb{R}^4$ i sottospazi $V = \text{span}\{e_1 - e_2, 3e_4\}$ e $W = \{(x, y, z, t) \in \mathbb{R}^4 \mid x - 2y = 0\}$.
La dimensione di $V \cap W$ è: [a] 1; [b] 2; [c] 3; [d] infinita.

244. Il rango di $\begin{pmatrix} 1 & 0 & 1 & 2 \\ 1 & 0 & 1 & 2 \\ 2 & 0 & 2 & 4 \end{pmatrix}$ è: [a] 1; [b] 2; [c] 3; [d] 4.

245. La matrice associata a $f(x, y) = (x, x - y)$ rispetto alla base $(1, 2), (1, 0)$ è:
[a] $\begin{pmatrix} 2 & 0 \\ 1 & -1 \end{pmatrix}$; [b] $\begin{pmatrix} -1/2 & 1/2 \\ 3/2 & 1/2 \end{pmatrix}$; [c] $\begin{pmatrix} -1/2 & 1/2 \\ 1/2 & -1/2 \end{pmatrix}$; [d] nessuna delle precedenti.

246. Quali vettori sono ortogonali per il prodotto scalare standard di $\mathbb{R}^3$? [a] $(1, 0, 1), (0, -2, 1)$;
[b] $(1, 1, 1), (-1, -1, 1)$; [c] $(3, 0, 1), (0, -2, 0)$; [d] nessuna delle precedenti.

247. Quali dei seguenti può essere autovalore di una funzione F tale che $F^3 = Id$?
[a] 0; [b] 1; [c] -1; [d] i.

248. In $\mathbb{R}^2$ munito del prodotto scalare di matrice in base canonica $\begin{pmatrix} 1 & -1 \\ -1 & 2 \end{pmatrix}$, la distanza tra $(1, 2)$ e $(3, 3)$
è: [a] 1; [b] $\sqrt{2}$; [c] 2; [d] $2\sqrt{2}$.

249. La dimensione di $\{f \in \hom(\mathbb{R}^3, \mathbb{R}^2) : f(\mathbb{R}^3) \subseteq \text{span}(0, 1), f(1, 0, 0) = (0, 0)\}$ è:
[a] 6; [b] 1; [c] 4; [d] 2.

250. Qual è la dimensione massima dei blocchi della forma di jordan di $f(x, y, z) = (x, 2x + y, 3x + 2y + z)$?
[a] 1; [b] 2; [c] 3; [d] 4.

251. Sia $f \in \hom(\mathcal{M}_{2\times 2}(\mathbb{R}), \mathbb{R}^2)$ data da $f(\begin{smallmatrix} a & b \\ c & d \end{smallmatrix}) = (a + b, c - a)$. La matrice di f nelle basi
$v_1 = (\begin{smallmatrix} 1 & 0 \\ 0 & 1 \end{smallmatrix}), v_2 = (\begin{smallmatrix} 0 & 1 \\ 1 & 0 \end{smallmatrix}), v_3 = (\begin{smallmatrix} 1 & 0 \\ 0 & 0 \end{smallmatrix}), v_4 = (\begin{smallmatrix} 0 & 1 \\ 0 & 0 \end{smallmatrix})$ di $\mathcal{M}_{2\times 2}(\mathbb{R})$ e $w_1 = (1, 1), w_2 = (1, 0)$ di $\mathbb{R}^2$ è:
[a] $\begin{pmatrix} 1 & 1 & 1 & 1 \\ -1 & 1 & -1 & 0 \end{pmatrix}$; [b] $\begin{pmatrix} -1 & 1 & -1 & 0 \\ 2 & 0 & 2 & 1 \end{pmatrix}$; [c] $\begin{pmatrix} 2 & 0 & 2 & 1 \\ -1 & 1 & -1 & 0 \end{pmatrix}$; [d] $\begin{pmatrix} 1 & 1 & 1 & 1 \\ -1 & 0 & 1 & 0 \end{pmatrix}$.

252. In $\mathcal{M}_{2\times 2}(\mathbb{Z}_2)$, l'inversa di $A = \begin{pmatrix} 1 & -1 \\ 1 & 1 \end{pmatrix}$ è:
[a] $\begin{pmatrix} 1 & 1 \\ 0 & 1 \end{pmatrix}$; [b] $\begin{pmatrix} 0 & 1 \\ 1 & 0 \end{pmatrix}$; [c] $\begin{pmatrix} 1 & 0 \\ 1 & 1 \end{pmatrix}$; [d] A non è invertibile.

253. Quale delle seguenti è una base di $\mathbb{C}^2$?
[a] $(1, 1), (i, i)$; [b] $(1, 0), (0, 1), (0, i)$; [c] $1, i$; [d] nessuna delle precedenti.

254. Quali vettori sono ortogonali per il prodotto scalare standard di $\mathbb{R}^3$?
[a] $e_1, e_1 + e_2$; [b] $e_1 + e_2, e_1 - e_2$; [c] $e_3, 2e_3$; [d] nessuna delle altre.

255. Le coordinate di $(1 - x)^2$ rispetto alla base $\{1, \frac{x}{2} - 1, \frac{x^2}{4} + \frac{1}{2}\}$ di $\mathbb{R}_{\leq 2}[x]$ sono
[a] (-5,-4,4); [b] (5,4,-4); [c] (4,-4,-5); [d] nessuna delle precedenti.

256. La conica di equazione $(x - 1)^2 + (y + 1)^2 = 2$ è una:
[a] ellisse; [b] parabola; [c] ipebole; [d] retta.

257. In $\mathbb{R}^3$, la distanza tra il piano $\pi : x - y + z = 1$ ed il punto $P = (0, -1, 0)$ è:
[a] 0; [b] 1; [c] $\sqrt{3}$; [d] $1/\sqrt{3}$.

258. Qual è la dimensione massima dei blocchi della forma di jordan di $f(x,y,z) = (x+y, x+2y, z)$?

[a] 1;   [b] 2;   [c] 3;   [d] 4.

259. Sia $b \in bil(\mathbb{R}^3)$ la forma simmetrica associata alla forma quadratica $q(x,y,z) = x^2 + z^2 + 4xy + 2xz$. La matrice di b rispetto alla base canonica è:

[a] $\begin{pmatrix} 1 & 2 & 1 \\ 2 & 0 & 1 \\ 1 & 1 & 1 \end{pmatrix}$;   [b] $\begin{pmatrix} 1 & 4 & 2 \\ 4 & 0 & 0 \\ 2 & 0 & 1 \end{pmatrix}$;   [c] $\begin{pmatrix} 0 & 6 & 2 \\ 6 & 1 & 0 \\ 2 & 1 & 1 \end{pmatrix}$;   [d] $\begin{pmatrix} 1 & 2 & 1 \\ 2 & 0 & 0 \\ 1 & 0 & 1 \end{pmatrix}$.

260. Quale delle seguenti matrici è diagonalizzabile?

[a] $\begin{pmatrix} -\frac{1}{3} & \frac{1}{3} \\ -\frac{1}{3} & \frac{1}{3} \end{pmatrix}$;   [b] $\begin{pmatrix} 0 & \frac{1}{3} \\ 0 & \frac{1}{3} \end{pmatrix}$;   [c] $\begin{pmatrix} -2 & -4 \\ 1 & 2 \end{pmatrix}$;   [d] Nessuna delle precedenti.

261. Quali sono gli autovalori dell'endomorfismo di $\mathcal{M}_{2\times 2}(\mathbb{R})$ definito da $f(X) = X + X^T$?

[a] ± 1;   [b] 2;   [c] 0,2;   [d] $1, -1, 0, 2$.

262. Gli autovalori di $f(x,y,z) = (7x - 2y - 5z, 8x - y - 11z, 3z)$ sono:

[a] 3 semplice ;   [b] 3 triplo;   [c] -3 semplice;   [d] -3 triplo.

263. La matrice associata a $f(x,y) = (2x+y, y-x)$ nella base di $\mathbb{R}^2$ formata da $v_1 = e_2, v_2 = e_1$ è:

[a] $\begin{pmatrix} 2 & 1 \\ -1 & 1 \end{pmatrix}$;   [b] $\begin{pmatrix} 2 & 1 \\ 1 & -1 \end{pmatrix}$;   [c] $\begin{pmatrix} 1 & 1 \\ -1 & 2 \end{pmatrix}$;   [d] $\begin{pmatrix} 1 & -1 \\ 1 & 2 \end{pmatrix}$.

264. Sia $A = \begin{pmatrix} 1 & 0 \\ 0 & i \end{pmatrix}$. Quale di questi insiemi è un sottospazio vettoriale di di $\mathcal{M}_{2\times 2}(\mathbb{C})$?

[a] $\{B \mid B = A^T\}$;   [b] $\{B \mid \det(B) = \det(A)\}$;   [c] $\{B \mid AB = 0\}$;   [d] nessuno.

265. In $\mathbb{R}^2$ col prod. scal. standard, la distanza tra $(1,2)$ ed la retta $r(t) = (t, t+1)$ è:

[a] $2/3$;   [b] $\sqrt{2/3}$;   [c] 0;   [d] $\sqrt{1/3}$.

266. La dimensione di $\{f : \mathbb{R}^3 \to \mathbb{R}^2 \mid \mathrm{Imm}(f) \subseteq \mathrm{span}(1,1) \text{ e } f(1,0,1) = 0\}$ è:

[a] 1;   [b] 2;   [c] 3;   [d] 4

267. Siano $v_1, \ldots, v_k$ vettori linearmente indipendeti di $\mathbb{R}^n$, allora:

[a] generano;   [b] $k = n$;   [c] $k \leq n$;   [d] $k > n$.

268. Sia $A = \begin{pmatrix} 1 & -2 & 0 & 0 \\ 0 & -5 & 1 & 1 \end{pmatrix}$. Qual è il rango di $A^T A$? [a] 2 ;   [b] 3 ;   [c] 4 ;   [d] 5.

269. Quanti blocchi ha la forma di Jordan di $f(x,y,z,s,t) = (0, -y+z, -y+z, t, 0)$?

[a] 1;   [b] 2;   [c] 3;   [d] 4.

270. Sia $b \in bil(\mathbb{R}^3)$ la forma simmetrica con forma quadratica $q(x,y,z) = x^2 - y^2 + z^2 + 6xy + 2xz$. La matrice di b rispetto alla base canonica è:

[a] $\begin{pmatrix} 1 & 2 & 1 \\ 2 & 1 & 1 \\ 1 & 1 & 0 \end{pmatrix}$;   [b] $\begin{pmatrix} 1 & 6 & 2 \\ 6 & 1 & 0 \\ 2 & 0 & -1 \end{pmatrix}$;   [c] $\begin{pmatrix} 1 & 6 & 2 \\ 6 & 1 & 0 \\ 2 & 1 & 1 \end{pmatrix}$;   [d] $\begin{pmatrix} 1 & 3 & 1 \\ 3 & -1 & 0 \\ 1 & 0 & 1 \end{pmatrix}$.

271. Sia $b \in bil(\mathbb{R}^3)$ la forma simmetrica associata alla forma quadratica $q(x,y,z) = y^2 + z^2 + 4xy + 2xz$. La matrice di b rispetto alla base canonica è:

[a] $\begin{pmatrix} 1 & 2 & 1 \\ 2 & 1 & 1 \\ 1 & 1 & 0 \end{pmatrix}$;   [b] $\begin{pmatrix} 0 & 4 & 2 \\ 4 & 1 & 0 \\ 2 & 0 & 1 \end{pmatrix}$;   [c] $\begin{pmatrix} 0 & 6 & 2 \\ 6 & 1 & 0 \\ 2 & 1 & 1 \end{pmatrix}$;   [d] $\begin{pmatrix} 0 & 2 & 1 \\ 2 & 1 & 0 \\ 1 & 0 & 1 \end{pmatrix}$.

272. La conica di equazione $x^2 + x + y + 1 = 0$ è:

[a] un'ellisse reale;   [b] una parabola;   [c] un'iperbole;   [d] l'insieme vuoto.

273. In $\mathbb{R}^4$ siano $V = \{(x,y,z,t) \in \mathbb{R}^4 \mid x = 0, y = z - t\}$ e $W = \mathrm{span}\{(0,1,1,0), (0,0,1,1)\}$. Qual è la dimensione di $V + W$?   [a] 0;   [b] 1;   [c] 2;   [d] 3.

274. Sia $f \in \mathrm{hom}(V, W)$. Se $\dim(V) = \dim(W) < \infty$ allora: [a] f è invertibile;

[b] $\dim(\mathrm{Imm}\, f) = \dim(\ker f)$;   [c] $\mathrm{Imm}\, f = W$;   [d] f è iniettiva se e solo se è suriettiva.

275. Il rango di $\begin{pmatrix} 1 & 1 & 1 \\ 1 & -1 & -1 \\ 2 & -1 & 2 \end{pmatrix}$ è: a 1; b 2; c 3; d 4.

276. Detti $x = (x_1, x_2, x_3)$ e $y = (y_1, y_2, y_3)$, quale tra queste è una forma bilineare?
a $f(x,y) = x_1 + y_2$; b $f(x,y) = x_1 y_2 + 1$; c $f(x,y) = x_1 y_2 - y_1 y_3$; d $f(x,y) = x_1 y_2 - y_1 x_3$.

277. Le coordinate di $(1, -1, 2)$ rispetto alla base $\{(1,0,1), (0,-1,2), (1,1,1)\}$ di $\mathbb{R}^3$ sono:
a $(0,0,0)$; b $(\frac{3}{2}, \frac{1}{2}, \frac{-1}{2})$; c $(3,1,-1)$; d $(1,-1,2)$.

278. Calcolare l'inversa di $\begin{pmatrix} 1 & -2 & 0 \\ 0 & 3 & 1 \\ 1 & 0 & 0 \end{pmatrix}$

a $\begin{pmatrix} 0 & 0 & -2 \\ 1 & 0 & -1 \\ -3 & -2 & 3 \end{pmatrix}$; b $\begin{pmatrix} 0 & -\frac{1}{2} & \frac{3}{2} \\ 0 & 0 & 1 \\ 1 & \frac{1}{2} & -\frac{3}{2} \end{pmatrix}$; c $\begin{pmatrix} \frac{3}{2} & 1 & -\frac{3}{2} \\ -\frac{1}{2} & 0 & \frac{1}{2} \\ 1 & 0 & 1 \end{pmatrix}$; d $\begin{pmatrix} 0 & 0 & 1 \\ -\frac{1}{2} & 0 & \frac{1}{2} \\ -\frac{3}{2} & 1 & -\frac{3}{2} \end{pmatrix}$.

279. Quale delle seguenti matrici è diagonalizzabile su $\mathbb{R}$?
a Nessuna delle seguenti; b $\begin{pmatrix} 0 & -1 \\ 1 & 0 \end{pmatrix}$; c $\begin{pmatrix} -2 & -4 \\ 1 & 2 \end{pmatrix}$; d $\begin{pmatrix} -\frac{1}{3} & \frac{1}{3} \\ -\frac{1}{3} & \frac{1}{3} \end{pmatrix}$.

280. Quale delle seguenti matrici rappresenta un prodotto scalare su $\mathbb{R}^3$?
a $\begin{pmatrix} 1 & 2 & 0 \\ 2 & 1 & 1 \\ 0 & 1 & 1 \end{pmatrix}$; b $\begin{pmatrix} 1 & 1 & 2 \\ 1 & 1 & 2 \\ 2 & 2 & 3 \end{pmatrix}$; c $\begin{pmatrix} 1 & 0 & 0 \\ 0 & 3 & 1 \\ 0 & 1 & -1 \end{pmatrix}$; d $\begin{pmatrix} 1 & 0 & 1 \\ 0 & 1 & 1 \\ 1 & 1 & 3 \end{pmatrix}$.

281. Sia $V = (\mathbb{Z}/2\mathbb{Z})^2$. Quale delle seguenti affermazioni vale $\forall v \in V$?
a $v^2 = 0$; b $v \neq 0$; c $v = -v$; d nessuna delle altre.

282. Sia $f \in \text{End}(\mathbb{R}_{\leq 2}[x])$ la derivata seconda. La matrice di f nelle base $x^2, 1+x^2, x(x-1)$ è:
a $\begin{pmatrix} 0 & 0 & 0 \\ 2 & 2 & 2 \\ 0 & 0 & 0 \end{pmatrix}$; b $\begin{pmatrix} 2 & 2 & 2 \\ 0 & 0 & 0 \\ 0 & 0 & 0 \end{pmatrix}$; c $\begin{pmatrix} 0 & 2 & 0 \\ 0 & 2 & 0 \\ 0 & 2 & 0 \end{pmatrix}$; d $\begin{pmatrix} -2 & -2 & -2 \\ 2 & 2 & 2 \\ 0 & 0 & 0 \end{pmatrix}$.

283. Quale delle seguenti matrici è ortogonale?
a $\begin{pmatrix} 0 & 1 & 0 \\ 0 & 1 & 0 \\ 0 & 0 & 1 \end{pmatrix}$; b $\begin{pmatrix} 1 & 1 & 0 \\ -1 & 1 & 0 \\ 0 & 0 & 1 \end{pmatrix}$; c $\begin{pmatrix} 0 & 1 & 0 \\ 1 & 0 & 0 \\ 0 & 0 & 1 \end{pmatrix}$; d Lo sono tutte le precedenti.

284. Quale delle seguenti matrici commuta con $\begin{pmatrix} 0 & -1 \\ 1 & i \end{pmatrix}$?
a $\begin{pmatrix} 1 & -1 \\ 1 & 1 \end{pmatrix}$; b $\begin{pmatrix} i & -i \\ 0 & i \end{pmatrix}$; c $\begin{pmatrix} 0 & 2-i \\ 1 & 0 \end{pmatrix}$; d $\begin{pmatrix} 1 & i \\ -i & 2 \end{pmatrix}$.

285. Sia $f \in \text{End}(\mathcal{M}_{2\times 2}(\mathbb{R}))$ dato da $f(X) = X\left(\begin{smallmatrix} 1 & 1 \\ 0 & 1 \end{smallmatrix}\right)$. Qual è la molteplicità algebrica dell'autovalore 1?
a 4; b 3; c 2; d 1.

286. Sia $A = \begin{pmatrix} k+2 & -1 \\ k & k^2 \end{pmatrix}$ e $b = \begin{pmatrix} 1 \\ 0 \end{pmatrix}$. Per quali k il sistema $AX = b$ ha soluzione?
a $k \neq \pm 1$; b $k \neq 0$; c $k \neq -1$; d Il sistema ha sempre soluzione.

287. Le coordinate di $(3x + i)^2$ rispetto alla base $\{1, x+i, ix^2+1\}$ di $\mathbb{C}_{\leq 2}[x]$ sono:
a $(9i+5, 6i, -9i)$; b $(9i-5, 6i, 9i)$; c $(9i+5, -6i, 9i)$; d $(0, 0, i)$.

288. La conica di equazione $x^2 - y^2 = 0$ è una:
a ellisse ; b coppia di rette incidenti; c iperbole ; d coppia di rette parallele.

289. La matrice della forma bilineare $b : \mathbb{R}^2 \times \mathbb{R}^2 \to \mathbb{R}, b((x,y),(x',y')) = xy' + x'y$ rispetto alla base $\mathcal{B} = \{(1,1), (0,-1)\}$ è: a $\begin{pmatrix} 0 & 2 \\ 2 & 0 \end{pmatrix}$; b $\begin{pmatrix} 1 & 0 \\ 0 & 1 \end{pmatrix}$; c $\begin{pmatrix} 1 & 1 \\ 1 & 1 \end{pmatrix}$; d $\begin{pmatrix} 2 & -1 \\ -1 & 0 \end{pmatrix}$.

290. Quale dei seguenti insiemi costituisce una base per $\mathbb{C}_{\leq 2}[x]$?
a $1, i, x$; b $1, x$; c $x-i, x+i, (x-i)(x+i)$; d $1, i, x, x^2$.

291. Siano $B = ((1,0),(1,1))$ e $B' = ((1,-1),(1,0))$ due basi di $\mathbb{R}^2$ e sia $f \in \text{End}(\mathbb{R}^2)$ definita da $f(x,y) = (x+y, x-y)$. La matrice associata a f nella base B in partenza e B' in arrivo è:

$\boxed{a}$ $\begin{pmatrix} 1 & 1 \\ 1 & -1 \end{pmatrix}$; $\qquad$ $\boxed{b}$ $\begin{pmatrix} 1 & 2 \\ 1 & 0 \end{pmatrix}$; $\qquad$ $\boxed{c}$ $\begin{pmatrix} 1 & 0 \\ 1 & -1 \end{pmatrix}$; $\qquad$ $\boxed{d}$ $\begin{pmatrix} -1 & 0 \\ 2 & 2 \end{pmatrix}$.

292. Quanti blocchi ha la forma di Jordan di $\begin{pmatrix} 1 & 1 & 0 \\ 0 & 3 & 0 \\ 0 & 0 & 3 \end{pmatrix}$? $\boxed{a}$ 1; $\qquad$ $\boxed{b}$ 2; $\qquad$ $\boxed{c}$ 3; $\qquad$ $\boxed{d}$ 4.

293. Quale delle seguenti funzioni è lineare?
$\boxed{a}$ $f(x,y) = x^2 + y$; $\qquad$ $\boxed{b}$ $f(x,y) = (x+y, y-1)$; $\qquad$ $\boxed{c}$ $f(x,y) = x/y$; $\qquad$ $\boxed{d}$ Nessuna delle altre.

294. Se d è la distanza indotta da un prodotto scalre su V allora: $\boxed{a}$ $d(-v,-w) = d(-w,-v)$;
$\boxed{b}$ $d(v,-w) = d(v,w)$; $\qquad$ $\boxed{c}$ $d(v,-w) = -d(v,w)$; $\qquad$ $\boxed{d}$ nessuna delle precedenti.

295. In $\mathbb{R}^2$ siano $P_1 = (1,0)$, $P_2 = (0,0)$, $P_3 = (0,1)$. $\boxed{a}$ Esiste un'isometria che manda P_1 in P_2, P_2 in P_2 e P_3 in P_1; $\qquad$ $\boxed{b}$ Esiste un'affinità che manda P_1 in P_2, P_2 in P_2 e P_3 in P_1; $\boxed{c}$ Esiste $f \in \text{End}(\mathbb{R}^2)$ che manda P_1 in P_2, P_2 in P_2 e P_3 in P_1; $\qquad$ $\boxed{d}$ Tutte le precedenti.

296. In $\mathbb{R}^3$ la distanza tra $P = (1,-2,1)$ e la retta di equazioni parametriche $r(t) = (t+1, 2t, 1)$ è:
$\boxed{a}$ $4/5$; $\qquad$ $\boxed{b}$ $1/\sqrt{5}$; $\qquad$ $\boxed{c}$ $2/\sqrt{5}$; $\qquad$ $\boxed{d}$ Nessuna delle precedenti.

297. La matrice associata alla forma bilineare $b((x,y),(x',y')) = (x+y)(x'+y')$ in base canonica è:
$\boxed{a}$ $\begin{pmatrix} 1 & 0 \\ 0 & 1 \end{pmatrix}$; $\qquad$ $\boxed{b}$ $\begin{pmatrix} 1 & 1 \\ 1 & 1 \end{pmatrix}$; $\qquad$ $\boxed{c}$ $\begin{pmatrix} 1 & 1 \\ 1 & -1 \end{pmatrix}$; $\qquad$ $\boxed{d}$ $\begin{pmatrix} 1 & -1 \\ 1 & -1 \end{pmatrix}$.

298. In $\mathbb{R}^4$ siano $V = \begin{cases} y - t = 0 \\ x = 2z \end{cases}$ e $W = \text{span}((2,2,1,2),(1,1,1,1),(0,0,1,0))$. Si ha:
$\boxed{a}$ $\dim(V+W) = 2$; $\qquad$ $\boxed{b}$ $\dim(V+W) = 3$; $\qquad$ $\boxed{c}$ $W \subset V$; $\qquad$ $\boxed{d}$ $\dim(V+W) = 4$.

299. Sia $b(p,q) = p(0)q(0) - \frac{1}{2}\int_{-1}^1 p(x)q(x) \in \text{bil}(\mathbb{R}_{\leq 2}[x])$. La matrice di b nella base $1, x, x^2$ è:
$\boxed{a}$ $\begin{pmatrix} 0 & 0 & -\frac{1}{3} \\ 0 & -\frac{1}{3} & 0 \\ -\frac{1}{3} & 0 & -\frac{1}{5} \end{pmatrix}$; $\qquad$ $\boxed{b}$ $\begin{pmatrix} 1 & 0 & -\frac{1}{3} \\ 0 & -\frac{1}{3} & 0 \\ -\frac{1}{3} & 0 & -\frac{1}{5} \end{pmatrix}$; $\qquad$ $\boxed{c}$ $\begin{pmatrix} -1 & 0 & \frac{1}{3} \\ 0 & \frac{1}{3} & 0 \\ \frac{1}{3} & 0 & \frac{1}{5} \end{pmatrix}$;; $\qquad$ $\boxed{d}$ $\begin{pmatrix} -1 & 0 & \frac{2}{3} \\ 0 & \frac{2}{3} & 0 \\ \frac{2}{3} & 0 & \frac{2}{5} \end{pmatrix}$.

300. La dimensione di $\{f \in \text{hom}(\mathbb{R}^3, \mathbb{R}^2) \mid f(0,0,1) = f(0,1,0)\}$ è: $\boxed{a}$ 1; $\qquad$ $\boxed{b}$ 2; $\qquad$ $\boxed{c}$ 3; $\qquad$ $\boxed{d}$ 4.

301. Sia $f : \mathbb{R}_{\leq 3}[x] \to \mathbb{R}_{\leq 1}[x]$ la derivata seconda. La sua matrice nelle basi canoniche è:
$\boxed{a}$ $\begin{pmatrix} 1 & 0 & 0 & 0 \\ 0 & 3 & 6 & 0 \end{pmatrix}$; $\qquad$ $\boxed{b}$ $\begin{pmatrix} 0 & 0 & 2 & 0 \\ 0 & 0 & 0 & 6 \end{pmatrix}$; $\qquad$ $\boxed{c}$ $\begin{pmatrix} 0 & 0 & 2 & 0 \\ 0 & 0 & 0 & 3 \end{pmatrix}$; $\qquad$ $\boxed{d}$ nessuna delle precedenti.

302. In $\mathbb{R}^4$ sia V definito da $x + y + z + t = 1$ e $W = \text{span}(e_2, e_3, e_4)$ (e_1, e_2, e_3, e_4 è la base canonica).
$\boxed{a}$ $\dim(V \cap W) = 0$; $\qquad$ $\boxed{b}$ $\dim(V \cap W) = 1$; $\qquad$ $\boxed{c}$ $\dim(V \cap W) = 2$; $\qquad$ $\boxed{d}$ $\dim(V \cap W) = 3$.

303. Quali dei seguenti elementi di $\mathbb{R}_{<3}[x]$ sono linearmente indipendenti tra loro?
$\boxed{a}$ $x, (x+1)^2$; $\qquad$ $\boxed{b}$ $1, 2, 3, 4$; $\qquad$ $\boxed{c}$ $x, (1+x)^3, x^2, (1+x)^5, 1, x^3$; $\qquad$ $\boxed{d}$ $(x-1), (x-2), (x-3)$.

304. La distanza in $\mathbb{R}^3$ tra il punto $P = (1,-2,1)$ ed il piano $\pi : x + 2y + z + 2 = 0$ è:
$\boxed{a}$ $\sqrt{6}$; $\qquad$ $\boxed{b}$ $1/\sqrt{6}$; $\qquad$ $\boxed{c}$ $2/\sqrt{6}$; $\qquad$ $\boxed{d}$ Nessuna delle precedenti.

305. Il polinomio caratteristico di $f(x,y,z) = (x, 2z, y - x)$ è
$\boxed{a}$ $(1-x)x^2$; $\qquad$ $\boxed{b}$ $x^2 - 1$; $\qquad$ $\boxed{c}$ $(1-x)(x^2-2)$; $\qquad$ $\boxed{d}$ $(x+1)^3$.

306. Un'applicazione lineare da $\mathcal{M}_{7 \times 5}(\mathbb{K}) \to \mathbb{K}_{\leq 42}[x]$ non può:
$\boxed{a}$ esistere; $\qquad$ $\boxed{b}$ essere iniettiva; $\qquad$ $\boxed{c}$ essere suriettiva; $\qquad$ $\boxed{d}$ nessuna delle altre.

307. Gli autovalori di $f(x,y,z) = (x + 2z, x + y - z, 2x + z)$ sono:
$\boxed{a}$ $1, 2, 3$; $\qquad$ $\boxed{b}$ $1, 0, -1$; $\qquad$ $\boxed{c}$ $1, -1, 3$; $\qquad$ $\boxed{d}$ $\pm\sqrt{3}$.

308. Per quale delle seguenti matrici M esiste α tale che M non sia ortogonale?
$\boxed{a}$ $\begin{pmatrix} \cos\alpha & \sin\alpha \\ \sin\alpha & \cos\alpha \end{pmatrix}$; $\qquad$ $\boxed{b}$ $\begin{pmatrix} \cos\alpha & -\sin\alpha \\ \sin\alpha & \cos\alpha \end{pmatrix}$; $\qquad$ $\boxed{c}$ $\begin{pmatrix} \cos\alpha & \sin\alpha \\ -\sin\alpha & \cos\alpha \end{pmatrix}$; $\qquad$ $\boxed{d}$ Nessuna.

309. Sia $f \in \mathrm{End}(\mathbb{R}[x])$ la derivata seconda. Quale polinomio non è autovettore di f?
$\boxed{a}$ 1; $\boxed{b}$ $1+x$; $\boxed{c}$ x; $\boxed{d}$ x^2.

310. Il rango di $M = \begin{pmatrix} 1 & 2 & 0 & 0 \\ 1 & 1 & 1 & 0 \\ 1 & 3 & 7 & 7 \end{pmatrix}$ è: $\boxed{a}$ 1; $\boxed{b}$ 2; $\boxed{c}$ 3; $\boxed{d}$ 4.

311. Se $d(v,w)$ è la distanza indotta da un prodotto scalre $\langle \cdot, \cdot \rangle$ su V allora: $\boxed{a}$ $d(v,v) = 0$;
$\boxed{b}$ $d(v,w) \geq -d(v,u) + d(u,w)$; $\boxed{c}$ $d(v,w) \geq d(v,u) - d(u,w)$; $\boxed{d}$ tutte le precedenti.

312. Le coordinate di $(1,1,0)$ rispetto alla base di $\mathbb{R}^3$ formata da $e_1 + e_2 + e_3$, e_2, $e_3 - e_1$, sono:
$\boxed{a}$ $(1,0,1)$; $\boxed{b}$ $(1,1,1) - (0,0,1)$; $\boxed{c}$ $(1/2, 1/2, -1/2)$; $\boxed{d}$ $(1/2, 1/2, 1/2)$.

313. Quali delle seguenti è una base di $(\mathbb{Z}_2)^3$?
$\boxed{a}$ $\begin{pmatrix} 1 \\ 0 \\ 1 \end{pmatrix}, \begin{pmatrix} 1 \\ 0 \\ 0 \end{pmatrix}, \begin{pmatrix} 0 \\ 1 \\ 0 \end{pmatrix}$; $\boxed{b}$ $\begin{pmatrix} 1 \\ 0 \\ 0 \end{pmatrix}, \begin{pmatrix} 0 \\ 1 \\ 1 \end{pmatrix}$; $\boxed{c}$ $\begin{pmatrix} 1 \\ 1 \\ 1 \end{pmatrix}, \begin{pmatrix} 1 \\ 1 \\ 0 \end{pmatrix}, \begin{pmatrix} 0 \\ 0 \\ 1 \end{pmatrix}$; $\boxed{d}$ $\begin{pmatrix} 1 \\ 1 \\ 0 \end{pmatrix}, \begin{pmatrix} 1 \\ 0 \\ 1 \end{pmatrix}, \begin{pmatrix} 0 \\ 1 \\ 1 \end{pmatrix}$.

314. Se $A, B \in \mathcal{M}_{n \times n}(\mathbb{R})$ sono matrici della stessa forma bilineare rispetto a due basi diverse:
$\boxed{a}$ A e B hanno gli stessi autovalori; $\boxed{b}$ $\det A = \det B$; $\boxed{c}$ rango A = rango B; $\boxed{d}$ $B^T A B$.

315. La dimensione di $\{f \in \mathrm{hom}(\mathbb{R}^3, \mathbb{R}^2) | f(1,0,0) \in \mathrm{span}(1,0)$ e $f(0,0,1) = f(0,1,0) = 0\}$ è:
$\boxed{a}$ 1; $\boxed{b}$ 2; $\boxed{c}$ 3; $\boxed{d}$ 4.

316. La conica di equazione $x^2 - y^2 = 9$ è una:
$\boxed{a}$ ellisse ; $\boxed{b}$ coppia di rette incidenti; $\boxed{c}$ iperbole ; $\boxed{d}$ coppia di rette parallele.

317. La conica definita dall'equazione $x^2 + 4xy + 3y^2 = 0$ è una:
$\boxed{a}$ ellisse; $\boxed{b}$ parabola; $\boxed{c}$ coppia di rette parallele; $\boxed{d}$ coppia di rette incidenti.

318. Sia $A = \begin{pmatrix} 1 & 1 \\ k & k^2 \end{pmatrix}$ e $b = \begin{pmatrix} 1 \\ 1 \end{pmatrix}$. Per quali k il sistema $AX = b$ ha soluzione?
$\boxed{a}$ $k \neq \pm 1$; $\boxed{b}$ $k \neq 0$; $\boxed{c}$ $k \neq 0, 1$; $\boxed{d}$ Il sistema ha sempre soluzione.

319. Sia $A = \begin{pmatrix} 1 & -2 & 0 & 0 \\ 1 & 3 & -1 & 1 \end{pmatrix}$. Qual è il rango di $A^T A$? $\boxed{a}$ 1; $\boxed{b}$ 2; $\boxed{c}$ 3; $\boxed{d}$ 4.

320. Le coordinate di $\begin{pmatrix} 5 & 1 \\ 5 & 4 \end{pmatrix}$ nella base $\begin{pmatrix} 1 & 0 \\ 2 & 1 \end{pmatrix}, \begin{pmatrix} 0 & 1 \\ 1 & 0 \end{pmatrix}, \begin{pmatrix} 3 & 0 \\ 0 & -1 \end{pmatrix}, \begin{pmatrix} 0 & 0 \\ 0 & 1 \end{pmatrix}$ di $\mathcal{M}_{2 \times 2}(\mathbb{R})$ sono:
$\boxed{a}$ $(1, -2, 3, 0)$; $\boxed{b}$ $(-1, 2, -3, 0)$; $\boxed{c}$ $(2, 1, 1, 3)$; $\boxed{d}$ $(1, 2, -3, 1)$.

321. Sia $f \in \mathrm{End}(\mathbb{R}_{\leq 2}[x])$ la derivata. La matrice di f nelle base $x, 1+x, x^2$ è:
$\boxed{a}$ $\begin{pmatrix} -1 & -1 & 2 \\ 1 & 1 & 0 \\ 0 & 0 & 0 \end{pmatrix}$; $\boxed{b}$ $\begin{pmatrix} 0 & 0 & 0 \\ 0 & 1 & 1 \\ 2 & -1 & -1 \end{pmatrix}$; $\boxed{c}$ $\begin{pmatrix} 0 & 1 & 0 \\ 0 & 0 & 2 \\ 0 & 0 & 0 \end{pmatrix}$; $\boxed{d}$ $\begin{pmatrix} 1 & 1 & 0 \\ 0 & 0 & 2 \\ 0 & 0 & 0 \end{pmatrix}$.

322. La conica definita da $x^2 + 2xy + y^2 + x - y + 1 = 0$ è una:
$\boxed{a}$ ellisse; $\boxed{b}$ iperbole; $\boxed{c}$ parabola; $\boxed{d}$ retta.

323. Quale di queste è una base di $\{p \in \mathbb{R}_{\leq 2}[x] \mid p(0) = 0\}$?
$\boxed{a}$ $1, x+1, x^2+x+1, x-1$; $\boxed{b}$ $(x-1)^2 - 1, x$; $\boxed{c}$ $x+1, x-1$; $\boxed{d}$ $3x, 3x^2, x^2 - 2x$.

324. Siano dati in $\mathbb{R}_{\leq 2}[x]$ i sottospazi $V = \mathrm{span}((x+1)^2)$ e $W = \mathrm{span}(1-x)$. La dimensione di $V + W$ è:
$\boxed{a}$ 0; $\boxed{b}$ 1; $\boxed{c}$ 2; $\boxed{d}$ 3.

325. In $\mathbb{R}^3$ la giacitura del piano passante per $p_1 = (1,2,3), p_2 = (1,1,1), p_3 = (0,2,0)$ è:
$\boxed{a}$ $\mathrm{span}(p_1, p_2, p_3)$; $\boxed{b}$ $\begin{cases} x+y = 0 \\ z = 0 \end{cases}$; $\boxed{c}$ $x - y = 0$; $\boxed{d}$ $\mathrm{span}((0,1,2), (1,-1,1))$.

326. Sia $A = \begin{pmatrix} 1 & 1 \\ 0 & 1 \end{pmatrix}$ e sia $f \in \mathrm{End}(\mathcal{M}_{2 \times 2}(\mathbb{R}))$ definito da $f(X) = X^T A$. Gli autovalori di f sono:
$\boxed{a}$ ± 1; $\boxed{b}$ $0, 2$; $\boxed{c}$ 1; $\boxed{d}$ f non ha autovalori reali.

327. Sia $f : \mathbb{R}_{\leq 3}[x] \to \mathbb{R}_{\leq 3}[x]$ data da $f(p) = xp'(x)$. La sua matrice rispetto alla base canonica è:

a $\begin{pmatrix} 0 & 0 & 0 & 0 \\ 0 & 1 & 0 & 0 \\ 0 & 0 & 2 & 0 \\ 0 & 0 & 0 & 3 \end{pmatrix}$;
b $\begin{pmatrix} 0 & 0 & 0 & 0 \\ 0 & 2 & 0 & 0 \\ 0 & 0 & 3 & 0 \\ 1 & 0 & 0 & 1 \end{pmatrix}$;
c $\begin{pmatrix} 0 & 0 & 0 & 0 \\ 0 & 0 & 2 & 0 \\ 0 & 0 & 0 & 3 \\ 0 & 0 & 0 & 0 \end{pmatrix}$;
d nessuna delle precedenti.

328. Per quali valori di k la matrice $\begin{pmatrix} k-1 & k \\ k & k-1 \end{pmatrix}$ rappresenta un prodotto scalare su $\mathbb{R}^2$?

a Per nessun valore di k;
b $k \in]0, \frac{1}{2}[$;
c $k > \frac{1}{2}$;
d $k < 0 \cup k > 1$.

329. Sia $A \in \mathcal{M}_{n \times n}(\mathbb{R})$ simmetrica tale che $A^2 = Id$. Allora:
a 1 è un autovalore di A;
b A è diagonale;
c $f = \pm Id$;
d A è ortogonale.

330. La dimensione di $\{f : \mathbb{R}^3 \to \mathbb{R}^2 : f(1,1,0) \in \mathrm{span}(1,1)\}$ è:
a 6;
b 5;
c 4;
d 3

331. Quale di queste è una base di $\mathbb{R}_{\leq 2}[x]$?
a $1, x+1, x^2+x+1, x-1$;
b $(x-1)^2, x, x^2-x+1$;
c $1, x+1, x^2+2x+2$;
d $x^2-x-2, 2x+1, 2x^2-3$.

332. La conica definita da $x^2 + y^2 - xy = 0$ è:
a un'ellisse;
b un'iperbole;
c una parbola;
d un punto.

333. Sia $A = \begin{pmatrix} 1 & 0 & 1 & 1 \\ 0 & 1 & 1 & 0 \end{pmatrix} \in \mathcal{M}_{2 \times 4}(\mathbb{Z}_2)$. Qual è il rango di $A^T A$?
a 1;
b 2;
c 3;
d 4.

334. Le coordinate di $(1-x)^2$ rispetto alla base $1, 1+x, x^2$ di $\mathbb{R}_{\leq 2}[x]$ sono:
a $(1,1,1)$;
b $(3,-2,1)$;
c $(1,-1,0)^2$;
d $(1,-2,1)$.

335. La conica di equazione $x^2 + y^2 + x + y = 1$ è:
a un'ellisse;
b una parabola;
c un'iperbole;
d l'insieme vuoto.

336. La retta di $\mathbb{R}^3$ ortogonale al piano $\pi : x - y + z + 1 = 0$ e passante per $P = (1,0,2)$ è:
a $(t, -t+1, t+1)$;
b $x = y+1, z = 2$;
c $(t, t-1, 2)$;
d $x = y+1, z = -y+2$.

337. Quale di questi insiemi genera $\mathcal{M}_2(\mathbb{C})$?
a $\begin{pmatrix} 1 & i \\ 0 & 0 \end{pmatrix}, \begin{pmatrix} 0 & 1 \\ -1 & 0 \end{pmatrix}$;
b $\begin{pmatrix} 1 & i \\ 0 & 0 \end{pmatrix}, \begin{pmatrix} 0 & 0 \\ 0 & 0 \end{pmatrix}$;
c $\begin{pmatrix} 1 & i \\ 0 & 0 \end{pmatrix}, \begin{pmatrix} 0 & i \\ 1 & 0 \end{pmatrix}, \begin{pmatrix} 0 & i \\ 1 & 0 \end{pmatrix}^2, \begin{pmatrix} 0 & 0 \\ 0 & 1 \end{pmatrix}$;
d $\begin{pmatrix} 1 & i \\ 0 & 0 \end{pmatrix}, \begin{pmatrix} 0 & i \\ 1 & 0 \end{pmatrix}, 2\begin{pmatrix} 0 & i \\ 1 & 0 \end{pmatrix}, \begin{pmatrix} 0 & 0 \\ 0 & 1 \end{pmatrix}$

338. Se 0 è autovalore per un endomorfismo $f : \mathbb{R}^3 \to \mathbb{R}^3$ allora:
a $\ker(f) = 0$;
b $\ker(f) \neq 0$;
c f è suriettiva;
d nessuna delle precedenti.

339. Quale di questi è un insieme di vettori linearmente indipendenti in $\mathbb{R}[x]$?
a $x^2, (x+1)^2, 2x, 1$;
b $(1+x)^{78}, (x-x^2+3)^{15}$;
c $(x+1)(x-1), x+1, x-1, 1, x^2$;
d nessuno.

340. Quali sono equazioni parametriche per $V = \{x - iy + z = 0\} \subseteq \mathbb{C}^3$?
a $x = s + it, y = s, z = t$;
b $x = s, y = is, z = s + t$;
c $x = s - it, y = s, z = s + t$;
d $x = is - t, y = s, z = t$.

341. Due matrici A, B si dicono simili se:
a $AB = BA$;
b esiste N t.c. $A = N^{-1}BN$;
c esiste N t.c. $^t NAN = B$;
d Sono entrambe diagonali.

342. In $\mathbb{R}^2$ siano $P_1 = (1,0), P_2 = (0,0), P_3 = (0,1)$.
a Esiste un'isometria che manda P_1 in P_2, P_2 in P_3 e P_3 in P_1;
b Esiste un'affinità che manda P_1 in P_2, P_2 in P_3 e P_3 in P_1;
c Esiste $f \in \mathrm{End}(\mathbb{R}^2)$ che manda P_1 in P_2, P_2 in P_3 e P_3 in P_1;
d Nessuna delle precedenti.

343. L'immagine dell'applicazione lineare da $\mathbb{R}^4$ a $\mathbb{R}^3$ associata alla matrice $\begin{pmatrix} 0 & 0 & 0 & 0 \\ 1 & -2 & 2 & 0 \\ 1 & 1 & 1 & 1 \end{pmatrix}$ ha dimensione:

a 0;
b 2;
c 4;
d nessuna delle precedenti.

344. In $\mathbb{R}^3$ siano $v_1 = (1,2,3), v_2 = (4,5,6), v_2 = (7,8,9)$ e $w_1 = (1,1,0), w_2 = (1,0,1), w_3 = (0,1,1)$. Una $f \in \text{End}(\mathbb{R}^3)$ tale che $f(v_i) = w_i$ per ogni i:

$\boxed{a}$ è iniettiva ; $\quad\boxed{b}$ è suriettiva; $\quad\boxed{c}$ esiste ed è unica; $\quad\boxed{d}$ nessuna delle altre.

345. Quanti elementi ha $V = \{(x,y,z) \in (\mathbb{Z}_2)^3 \mid x+y = 0\}$? $\quad\boxed{a}$ 1; $\quad\boxed{b}$ 2; $\quad\boxed{c}$ 6; $\quad\boxed{d}$ 4.

346. In $\mathbb{R}^3$ siano $v_1 = (1,-1,1), v_2 = (1,2,1), v_3 = (3,0,3)$ e $w_1 = (1,1,1), w_2 = (1,2,1), w_3 = (3,2,1)$. Una $f \in \text{End}(\mathbb{R}^3)$ tale che $f(v_i) = w_i$ per ogni i:

$\boxed{a}$ non esiste; $\quad\boxed{b}$ esiste ed è unica; $\quad\boxed{c}$ esiste ma non è unica; $\quad\boxed{d}$ nessuna delle altre.

347. Quale tra queste è la matrice di una rotazione di $\frac{\pi}{2}$ in senso orario in $\mathbb{R}^2$?

$\boxed{a} \begin{pmatrix} \cos\theta & -\sin\theta \\ \sin\theta & \cos\theta \end{pmatrix}$; $\quad\boxed{b} \begin{pmatrix} 0 & 1 \\ -1 & 0 \end{pmatrix}$; $\quad\boxed{c} \begin{pmatrix} 0 & -1 \\ -1 & 0 \end{pmatrix}$; $\quad\boxed{d} \begin{pmatrix} 0 & -i \\ i & 0 \end{pmatrix}$.

348. La matrice della forma $b(x,y) = x_1y_1 - 2x_3y_2 + 4x_2y_3$ su $\mathbb{R}^3$ rispetto alla base $(e_1 + e_2, e_1 - e_2, 2e_3)$ è:

$\boxed{a} \begin{pmatrix} 1 & 0 & -1 \\ 3 & 0 & 0 \\ 0 & 0 & 0 \end{pmatrix}$; $\quad\boxed{b} \begin{pmatrix} 1 & 2 & 0 \\ 1 & -1 & 0 \\ 1 & 0 & 3 \end{pmatrix}$; $\quad\boxed{c} \begin{pmatrix} 1 & 1 & 8 \\ 1 & 1 & -8 \\ -4 & 4 & 0 \end{pmatrix}$; $\quad\boxed{d} \begin{pmatrix} 1 & -2 & 4 \\ 1 & 0 & 0 \\ 0 & 2 & 0 \end{pmatrix}$.

349. La dimensione di $\text{span}\{(x,y,z,t) \in \mathbb{R}^4 : x+y = 1\}$ è: $\quad\boxed{a}$ 1; $\quad\boxed{b}$ 2; $\quad\boxed{c}$ 3; $\quad\boxed{d}$ 4.

350. Sia $f(x,y,z) = (x+2y, y-z, x+y+z)$. Quali dei seguenti è autovettore di f?

$\boxed{a}$ $(2,-1,-1)$; $\quad\boxed{b}$ $(1,1,1)$; $\quad\boxed{c}$ $(1,2,3)$; $\quad\boxed{d}$ $(0,1,0)$.

351. L'ortogonale di $C = \{(t,t^2,t^2) : t \in \mathbb{R}\}$ rispetto al prodotto scalare standard di $\mathbb{R}^3$ è:

$\boxed{a}$ $y = z$; $\quad\boxed{b}$ $\text{span}(0,1,-1)$; $\quad\boxed{c}$ $\{0\}$; $\quad\boxed{d}$ $y = x^2, y - z = 0$.

352. Sia $b \in \text{bil}(\mathbb{R}^4)$ la forma simmetrica con forma quadratica $2xy + z^2$. La segnatura (n_0, n_+, n_-) di b è:

$\boxed{a}$ $(1,2,1)$; $\quad\boxed{b}$ $(0,2,2)$; $\quad\boxed{c}$ $(2,1,1)$; $\quad\boxed{d}$ $(1,1,2)$.

353. La forma di Jordan di $f(x,y) = (2x, 3x - 6y)$ è:

$\boxed{a} \begin{pmatrix} 1 & 1 \\ 0 & 1 \end{pmatrix}$; $\quad\boxed{b} \begin{pmatrix} 0 & 1 \\ 0 & 0 \end{pmatrix}$; $\quad\boxed{c} \begin{pmatrix} 1 & 0 \\ 0 & 0 \end{pmatrix}$; $\quad\boxed{d}$ nessuna delle precedenti.

354. Sia $f \in \text{End}(\mathbb{R}^4)$ tale che $f^2 = 0$ e $\dim(\text{Imm}(f)) = 3$. Qual è la forma di Jordan di f?

$\boxed{a} \begin{pmatrix} 0 & 1 & 0 & 0 \\ 0 & 0 & 0 & 0 \\ 0 & 0 & 0 & 0 \\ 0 & 0 & 0 & 0 \end{pmatrix}$; $\quad\boxed{b} \begin{pmatrix} 0 & 1 \\ 0 & 0 \end{pmatrix}$; $\quad\boxed{c} \begin{pmatrix} 0 & 1 & 0 & 0 \\ 0 & 0 & 0 & 0 \\ 0 & 0 & 0 & 1 \\ 0 & 0 & 0 & 0 \end{pmatrix}$; $\quad\boxed{d}$ una tale f non esiste.

355. Quale delle seguenti matrici è simile a $\begin{pmatrix} 1 & 0 \\ 0 & 2 \end{pmatrix}$?

$\boxed{a} \begin{pmatrix} 2 & 0 \\ 0 & 4 \end{pmatrix}$; $\quad\boxed{b} \begin{pmatrix} 0 & 2 \\ 1 & 0 \end{pmatrix}$; $\quad\boxed{c} \begin{pmatrix} 1 & 2 \\ 0 & 0 \end{pmatrix}$; $\quad\boxed{d} \begin{pmatrix} 1 & 1 \\ 0 & 2 \end{pmatrix}$.

356. Se $A \in \mathcal{M}_{n \times n}(\mathbb{R})$: $\boxed{a}$ $\ker A \neq 0$; $\quad\boxed{b}$ $\ker A^2 \subseteq \ker A$; $\quad\boxed{c}$ $\ker A^2 = 0 \Rightarrow \ker A = 0$; $\quad\boxed{d}$ $A = A^T$.

357. Per quali dei seguenti valori di x la matrice $\begin{pmatrix} e^x & \log x \\ 0 & e^x \end{pmatrix}$ risulta diagonalizzabile su $\mathbb{R}$?

$\boxed{a}$ 1; $\quad\boxed{b}$ 2; $\quad\boxed{c}$ 3; $\quad\boxed{d}$ 4.

358. Sia $A = \begin{pmatrix} 1 & 0 \\ 0 & 2 \end{pmatrix}$. La dimensione di $V = \{B \in \mathcal{M}_{2 \times 2}(\mathbb{R}) \mid AB = BA\}$ è

$\boxed{a}$ 1; $\quad\boxed{b}$ 2; $\quad\boxed{c}$ 3; $\quad\boxed{d}$ 4.

359. L'ortogonale di $(1,-1,0)$ rispetto a $b(x,y) = x_1y_1 + 2x_2y_2 + 3x_2y_3 + 3x_3y_2$ ha equazione:

$\boxed{a}$ $x - 2y - 3z = 0$; $\quad\boxed{b}$ $3x + 3y + 2z = 0$; $\quad\boxed{c}$ $x + y = 0$; $\quad\boxed{d}$ $x + y = 2z$.

360. Un'applicazione lineare iniettiva da $\mathbb{R}^4$ a $\mathbb{R}^3$:

$\boxed{a}$ è sempre suriettiva ; $\quad\boxed{b}$ è sempre invertibile; $\quad\boxed{c}$ è unica ; $\quad\boxed{d}$ non esiste.

361. Le coordinate di $(1,-1,1)$ rispetto alla base $\{(i,0,0), (0,i,0), (i,2,i)\}$ di $\mathbb{C}^3$ sono

$\boxed{a}$ $(0, i+2, -i)$; $\quad\boxed{b}$ (i,i,i); $\quad\boxed{c}$ $(0, i-2, i)$; $\quad\boxed{d}$ nessuna delle precedenti.

362. La dimensione di span$\{(x,y,z,t) \in \mathbb{R}^4 : x+y-1=0, z+x-t=0, y+z-t=1\}$ è:
a 1;   b 2;   c 3;   d 4.

363. Quale di questi è un insieme di vettori linearmente indipendenti in $\mathcal{M}_{2\times 2}(\mathbb{Z}_2)$? a nessuno;
b $\begin{pmatrix} 1 & 0 \\ 1 & 0 \end{pmatrix}, \begin{pmatrix} 1 & 0 \\ 0 & 1 \end{pmatrix}$; c $\begin{pmatrix} 1 & 0 \\ 0 & 0 \end{pmatrix}, \begin{pmatrix} 0 & 0 \\ 0 & 0 \end{pmatrix}, \begin{pmatrix} 1 & 1 \\ 1 & 0 \end{pmatrix}$; d $\begin{pmatrix} 1 & 1 \\ 0 & 0 \end{pmatrix}, \begin{pmatrix} 0 & 1 \\ 1 & 0 \end{pmatrix}, \begin{pmatrix} 1 & 0 \\ 1 & 0 \end{pmatrix}$

364. In $\mathbb{R}^3$ col prodotto scalare standard una base dell'ortogonale di $(1,-2,1)$ è:
a $(1,1,0),(0,1,1)$;   b $(1,-2,1)$;   c $(1,1,1),(2,1,0)$;   d $(1,1,1)$.

365. Il polinomio caratteristico di $f(x,y,z)=(0,0,0)$ è
a $(x+1)(x-1)(1-x)$;   b x^2-1;   c $(1-x)(x^2-2)$;   d x^3.

366. Sia $f \in \mathrm{End}(\mathbb{R}^3)$ triangolabile tale che $f^3=f^2$. Quanti blocchi ha la forma di Jordan di f?
a 1;   b 2;   c 3;   d I dati non sono sufficienti a determinare la risposta.

367. L'ortogonale di $(0,-1,2)$ rispetto a $b(x,y) = x_2y_2 + 2x_2y_3 + 2x_3y_2$ è:
a $x-2y=0$;   b $x+3y+2z=0$;   c $3y-2z=0$;   d $x-y=2z$.

368. In $\mathbb{R}^3$ la distanza tra $(2,2,0)$ ed il piano passante per i punti $(1,0,0),(0,1,0),(0,0,2)$ è:
a 1;   b 2;   c 3;   d 4.

369. $V = \{(x,y,z) \in \mathbb{C}^3 | 2x-iy+iz=0\}$ ha equazioni paramentriche: a $x=s, y=-2is+t, z=t$;
b $x=t, y=-2is+t, z=t$;   c $x=s, y=s+it, z=t$;   d $x=z, y=-2is+3it$.

370. Se λ è autovalore di $f \in \mathrm{End}(V)$ allora: a $f-\lambda I = 0$;   b $f(v) = \lambda v$;
c f ha una base di autovettori;   d f ha almeno un autovettore.

371. La dimensione di $V = \{f \in \hom(\mathbb{R}^2, \mathbb{R}^3) \mid \mathrm{Imm}\, f \subseteq \mathrm{span}\{e_1+e_2, e_1-e_2\}\}$ è:
a 2;   b 3;   c 4;   d 5.

372. Quale delle seguenti funzioni è lineare?
a $f(x,y,z) = (x,x)$;   b $f(x,y,z) = (x+1,y,z)$;   c $f(x,y,z) = xy$;   d $f(x,y,z) = 1$.

373. In $\mathbb{R}^3$ le rette $r = \{x=1, z=2+y\}$ e $s = \{x-y=0, x+z=1\}$ sono tra loro:
a parallele;   b incidenti;   c uguali;   d sghembe.

374. Le coordinate di $\begin{pmatrix} 1 & 0 \\ 0 & 1 \end{pmatrix}$ nella base $\begin{pmatrix} 1 & 0 \\ 2 & 0 \end{pmatrix}, \begin{pmatrix} 0 & 1 \\ 1 & 0 \end{pmatrix}, \begin{pmatrix} 2 & 0 \\ 0 & -1 \end{pmatrix}, \begin{pmatrix} 0 & 0 \\ 1 & 0 \end{pmatrix}$ di $\mathcal{M}_{2\times 2}(\mathbb{R})$ sono:
a $(3,3,-2,-1)$;   b $(3,0,-1,-6)$;   c $(3,-6,-1,0)$;   d $(3,2,-2,1)$.

375. Sia $f(x,y,z) = (2x,y,x+y+z)$. Quali dei seguenti è autovettore di f?
a $(2,-1,-1)$;   b $(1,0,1)$;   c $(1,2,3)$;   d Nessuno dei precedenti.

376. Sia $f \in \mathrm{End}(V)$ t.c. $f^2 = 0$. Allora:
a $f=0$;   b $\ker f = 0$;   c $\mathrm{Imm}\, f \subseteq \ker f$;   d $\dim \ker f = 1$.

377. La distanza in $\mathbb{R}^3$ tra $(0,1,-1)$ e $\mathrm{span}\{(1,2,3),(0,-1,1)\}$ è: a 1;   b $\sqrt{3}$;   c $\dfrac{2}{\sqrt{3}}$;   d 0.

378. In $\mathbb{R}^3$ la distanza di $(4,0,-1)$ dalla retta $r(t) = (t, 4t+1, -2t-1)$ è:
a $\sqrt{21}/3$;   b $\sqrt{17}$;   c $7\sqrt{3}$;   d $3\sqrt{7}/7$.

379. In $\mathbb{R}^2$ con la base canonica, la matrice della riflessione rispetto alla retta $y=2x$ è:
a $\begin{pmatrix} 1 & -2 \\ 2 & 1 \end{pmatrix}$;   b $\begin{pmatrix} -3 & 4 \\ 4 & 3 \end{pmatrix}$;   c $5\begin{pmatrix} -3 & 4 \\ 4 & 3 \end{pmatrix}$;   d $\frac{1}{5}\begin{pmatrix} -3 & 4 \\ 4 & 3 \end{pmatrix}$.

380. La proiezione ortogonale di $(3,2,1)$ lungo $(1,1,1)$ è:
a $(2,2,2)$;   b $(1,1,1)$;   c $(18/\sqrt{14}, 12/\sqrt{14}, 6/\sqrt{14})$;   d $(-18/\sqrt{14}, 12/\sqrt{14}, -6/\sqrt{14})$.

381. Sia $f \in \text{End}(\mathbb{R}^4)$ tale che $f^2 = 0$ e $\dim(\text{Imm}(f)) = 1$. Qual è la forma di Jordan di f?

$\boxed{\text{a}}$ $\begin{pmatrix} 0 & 1 & 0 & 0 \\ 0 & 0 & 0 & 0 \\ 0 & 0 & 0 & 0 \\ 0 & 0 & 0 & 0 \end{pmatrix}$; $\quad$ $\boxed{\text{b}}$ $\begin{pmatrix} 0 & 1 \\ 0 & 0 \end{pmatrix}$; $\quad$ $\boxed{\text{c}}$ $\begin{pmatrix} 0 & 1 & 0 & 0 \\ 0 & 0 & 0 & 0 \\ 0 & 0 & 0 & 1 \\ 0 & 0 & 0 & 0 \end{pmatrix}$; $\quad$ $\boxed{\text{d}}$ una tale f non esiste.

382. La dimensione dello spazio delle soluzioni di $Ax = 0$ con $A = \begin{pmatrix} 0 & 0 & 0 & 0 \\ 0 & 0 & 0 & 0 \end{pmatrix}$ è:

$\boxed{\text{a}}$ 1; $\quad$ $\boxed{\text{b}}$ 2; $\quad$ $\boxed{\text{c}}$ 3; $\quad$ $\boxed{\text{d}}$ 4.

383. L'ortogonale di $\text{span}((1, -2, 0), (1, 1, -1))$ rispetto al prodotto scalare standard di $\mathbb{R}^3$ è:

$\boxed{\text{a}}$ $x = 2y, z = x + y$; $\quad$ $\boxed{\text{b}}$ $\text{span}(0, 1, 1)$; $\quad$ $\boxed{\text{c}}$ $\{0\}$; $\quad$ $\boxed{\text{d}}$ $2x + y + 3z = 0$.

384. Sia $f \in \text{End}(\mathbb{R}^3)$ triangolabile tale che $f^3 = Id$. Quanti blocchi ha la forma di Jordan di f?

$\boxed{\text{a}}$ 1; $\quad$ $\boxed{\text{b}}$ 2; $\quad$ $\boxed{\text{c}}$ 3; $\quad$ $\boxed{\text{d}}$ I dati non sono sufficienti a determinare la risposta.

385. In $\mathbb{R}^3$ siano $v_1 = (1, -1, 1), v_2 = (1, 1, 2), v_3 = (2, 0, 3)$ e $w_1 = (1, 2, 3), w_2 = (3, 2, 1), w_3 = (4, 4, 4)$. Una $f \in \text{End}(\mathbb{R}^3)$ tale che $f(v_i) = w_i$ per ogni i:

$\boxed{\text{a}}$ non esiste; $\quad$ $\boxed{\text{b}}$ esiste ed è unica; $\quad$ $\boxed{\text{c}}$ esiste ma non è unica; $\quad$ $\boxed{\text{d}}$ nessuna delle altre.

386. Quali dei seguenti vettori di $\mathbb{C}^3$ sono linearmente indipendenti tra loro?

$\boxed{\text{a}}$ $\begin{pmatrix} 1 \\ 1 \\ 1 \end{pmatrix}, \begin{pmatrix} 1 \\ 1 \\ i \end{pmatrix}, \begin{pmatrix} 1 \\ i \\ i \end{pmatrix}$; $\quad$ $\boxed{\text{b}}$ $\begin{pmatrix} 1 \\ i \\ 1 \end{pmatrix}, \begin{pmatrix} i \\ -1 \\ i \end{pmatrix}, \begin{pmatrix} 1 \\ 0 \\ 0 \end{pmatrix}$; $\quad$ $\boxed{\text{c}}$ $\begin{pmatrix} 1 \\ 1 \\ 1 \end{pmatrix}, \begin{pmatrix} i \\ i \\ i \end{pmatrix}, \begin{pmatrix} 1 \\ 0 \\ i \end{pmatrix}$; $\quad$ $\boxed{\text{d}}$ $\begin{pmatrix} 1 \\ 0 \\ 0 \end{pmatrix}, \begin{pmatrix} i \\ 0 \\ 0 \end{pmatrix}, \begin{pmatrix} 0 \\ i \\ 0 \end{pmatrix}$

387. Quali sono equazioni parametriche per $V = \{x - 2y + z = 0\} \subseteq \mathbb{R}^3$? $\quad$ $\boxed{\text{a}}$ $x = 2s - t, y = s, z = t$; $\quad$ $\boxed{\text{b}}$ $x = 2s, y = 2s, z = 3t$; $\quad$ $\boxed{\text{c}}$ $x = s - t, y = s, z = t$; $\quad$ $\boxed{\text{d}}$ $x = y = z = s$.

388. La segnatura di $\begin{pmatrix} 1 & 0 & 0 \\ 0 & 0 & 1 \\ 0 & 1 & 1 \end{pmatrix}$ è: $\boxed{\text{a}}$ $(0, 1, 2)$; $\quad$ $\boxed{\text{b}}$ $(1, 1, 1)$; $\quad$ $\boxed{\text{c}}$ $(2, 0, 1)$; $\quad$ $\boxed{\text{d}}$ $(0, 2, 1)$.

389. Sia $A = \begin{pmatrix} 1 & 2 & 1 & 4 & 0 \\ i & i & 1+i & 1 & 3 \\ 0 & 0 & 1 & 0 & 1 \\ 1 & 0 & -i & 0 & i \end{pmatrix}$. Qual è il rango di A ? $\boxed{\text{a}}$ 1; $\quad$ $\boxed{\text{b}}$ 2; $\quad$ $\boxed{\text{c}}$ 3; $\quad$ $\boxed{\text{d}}$ 4.

390. Per quali valori di k la matrice $\begin{pmatrix} k & k-1 \\ k-1 & k \end{pmatrix}$ rappresenta un prodotto scalare su $\mathbb{R}^2$?

$\boxed{\text{a}}$ $k > 0$; $\quad$ $\boxed{\text{b}}$ $k \in]0, \frac{1}{2}[$; $\quad$ $\boxed{\text{c}}$ $k > \frac{1}{2}$; $\quad$ $\boxed{\text{d}}$ $k < 0 \cup k > \frac{1}{2}$.

391. Un'applicazione lineare iniettiva da $\mathbb{R}^3$ a $\mathbb{R}^3$:

$\boxed{\text{a}}$ ha il nucleo non banale ; $\quad$ $\boxed{\text{b}}$ è sempre invertibile; $\quad$ $\boxed{\text{c}}$ è unica ; $\quad$ $\boxed{\text{d}}$ non esiste.

392. In $\mathbb{R}^3$ le rette $r = \{2x - y - z = 1, z = 1\}$ e $s = \{2x - y = 2, z = 1\}$ sono tra loro:

$\boxed{\text{a}}$ parallele; $\quad$ $\boxed{\text{b}}$ incidenti; $\quad$ $\boxed{\text{c}}$ uguali; $\quad$ $\boxed{\text{d}}$ sghembe.

393. La dimensione di $\{f \in \text{End}(\mathbb{R}^3) \mid f(e_1) = f(e_3)\}$ è: $\quad$ $\boxed{\text{a}}$ 6; $\quad$ $\boxed{\text{b}}$ 4; $\quad$ $\boxed{\text{c}}$ 3; $\quad$ $\boxed{\text{d}}$ 2.

394. Scrivere equazioni cartesiane per $V = \text{span}\{(1, -1, 0), (0, 0, -3)\} \subseteq \mathbb{R}^3$.

$\boxed{\text{a}}$ $x + y - z = 0$; $\quad$ $\boxed{\text{b}}$ $3x + 3y + z = 0$; $\quad$ $\boxed{\text{c}}$ $x + y = 0$; $\quad$ $\boxed{\text{d}}$ $x + y = 0, z = 0$.

395. La conica definita dall'equazione $x^2 + xy = 1$ è:

$\boxed{\text{a}}$ ellisse; $\quad$ $\boxed{\text{b}}$ iperbole; $\quad$ $\boxed{\text{c}}$ parabola; $\quad$ $\boxed{\text{d}}$ coppia di rette.

396. Quali sono equazioni parametriche per $V = \{x - 4y + z = 0, z - x = 0\} \subseteq \mathbb{R}^3$?

$\boxed{\text{a}}$ $x = y = s, z = 4s$; $\quad$ $\boxed{\text{b}}$ $x = s, y = 3s, z = s$; $\quad$ $\boxed{\text{c}}$ $x = z = t, y = \frac{t}{2}$; $\quad$ $\boxed{\text{d}}$ nessuna.

397. Il polinomio caratteristico di $f(x, y, z) = (x + y, x + y, z - x)$ è

$\boxed{\text{a}}$ $x(x - 1)(1 - x)$; $\quad$ $\boxed{\text{b}}$ $x^2 - 1$; $\quad$ $\boxed{\text{c}}$ $(x - 1)^3$; $\quad$ $\boxed{\text{d}}$ $x(1 - x)(x - 2)$.

398. Due matrici A, B commutano se: [a] $AB = BA$; [b] esiste N t.c. $A = N^{-1}BN$; [c] esiste N t.c. ${}^tNAN = B$; [d] hanno la stessa forma di Jordan.

399. Le coordinate di $\begin{pmatrix} 1 & 0 \\ 0 & 2 \end{pmatrix}$ rispetto alla base $\begin{pmatrix} 0 & 0 \\ 0 & 1 \end{pmatrix}, \begin{pmatrix} 0 & 0 \\ 1 & 1 \end{pmatrix}, \begin{pmatrix} 0 & 1 \\ 1 & 1 \end{pmatrix}, \begin{pmatrix} 1 & 1 \\ 1 & 2 \end{pmatrix}$ di $\mathcal{M}_{2\times2}(\mathbb{R})$
sono: [a] $(1, 0, -1, 1)$; [b] $(-1, 0, 1, -1)$; [c] $(1, 0, 0, 2)$; [d] $(1, 1, 1, 1)$.

400. La segnatura (n_0, n_+, n_-) di $\begin{pmatrix} 0 & 1 \\ 1 & 0 \end{pmatrix}$ è: [a] $(0, 1, 1)$; [b] $(0, 1, 0)$; [c] $(1, 0, 1)$; [d] $(0, 1, 0)$.

401. Sia $f : \mathbb{R}^5 \to \mathbb{R}^4$ lineare con $\mathrm{Imm}(f) \subseteq \mathrm{span}\{(1, -1, 0, 0), (2, 0, 1, 0), (0, 2, 1, 0)\}$. Allora:
[a] $\dim(\ker f) \leq 2$; [b] $\dim(\ker f) \geq 3$; [c] $\dim(\ker f) = 3$; [d] $\dim(\ker f) = 2$.

402. La matrice associata a $f(x, y) = (x + y, x - y)$ rispetto alla base $v_1 = (1, 0), v_2 = (1, 1)$ è:
[a] $\begin{pmatrix} 1 & 1 \\ 0 & -1 \end{pmatrix}$; [b] $\begin{pmatrix} 1 & -1 \\ 1 & 1 \end{pmatrix}$; [c] $\begin{pmatrix} 0 & 2 \\ 1 & 0 \end{pmatrix}$; [d] $\begin{pmatrix} 1 & -1 \\ -1 & 1 \end{pmatrix}$.

403. Quale tra questi endormofismi di $\mathbb{R}^2$ è triangolabile?
[a] $f(x, y) = (11x, 10x + 9y)$; [b] $f(x, y) = (3y, -x)$; [c] $f(x, y) = (x - 2y, 2x - y)$; [d] nessuno.

404. Quante affinità di $\mathbb{R}^2$ esistono che mandano $e_1, 2e_2$ in $e_2, e_1 - e_2$?
[a] 0; [b] infinite; [c] 1; [d] nessuna delle precedenti

405. La conica definita da $x^2 + y^2 - 4xy = 1$ è:
[a] ellisse; [b] iperbole; [c] parbola; [d] un punto.

406. Quante soluzioni ha il sistema $\begin{cases} x - y - z = 0 \\ x + z = 1 \end{cases}$ su $\mathbb{Z}_2$? [a] 0; [b] 4; [c] 2; [d] infinite.

407. Quante affinità di $\mathbb{R}^2$ esistono che mandano $e_1, e_1 + e_2, 0$ in $e_2, 0, e_1$?
[a] 0; [b] infinite; [c] 1; [d] nessuna delle precedenti

408. In $\mathbb{R}^2$ la matrice della forma bilineare $b(\begin{pmatrix} x_1 \\ x_2 \end{pmatrix}, \begin{pmatrix} y_1 \\ y_2 \end{pmatrix}) = (x_1 + x_2)y_2$ nella base $\begin{pmatrix} 1 \\ 0 \end{pmatrix}, \begin{pmatrix} 1 \\ 1 \end{pmatrix}$ è:
[a] $\begin{pmatrix} 1 & 0 \\ 1 & 1 \end{pmatrix}$; [b] $\begin{pmatrix} 1 & 2 \\ 1 & 1 \end{pmatrix}$; [c] $\begin{pmatrix} 0 & 1 \\ 0 & 2 \end{pmatrix}$; [d] $\begin{pmatrix} 0 & 1 \\ 0 & 1 \end{pmatrix}$.

409. In $\mathbb{R}^2$ con la base canonica, la matrice della rotazione di angolo α in senso antiorario è:
[a] $\begin{pmatrix} \cos\alpha & \sin\alpha \\ \sin\alpha & \cos\alpha \end{pmatrix}$; [b] $\begin{pmatrix} \cos\alpha & -\sin\alpha \\ \sin\alpha & \cos\alpha \end{pmatrix}$; [c] $\begin{pmatrix} \cos\alpha & \sin\alpha \\ -\sin\alpha & \cos\alpha \end{pmatrix}$; [d] $\begin{pmatrix} \sin\alpha & -\cos\alpha \\ \cos\alpha & \sin\alpha \end{pmatrix}$;.

410. Sia $b \in \mathrm{bil}(\mathbb{R}^4)$ la forma simmetrica con forma quadratica $2xy + zt$. La segnatura (n_0, n_+, n_-) di b è:
[a] $(1, 2, 1)$; [b] $(0, 2, 2)$; [c] $(2, 1, 1)$; [d] $(1, 1, 2)$.

411. Siano dati in $\mathbb{R}^3$ i sottospazi $V - \mathrm{span}\{e_1 - e_2\}$ e $W = \{(x, y, z) \subset \mathbb{R}^3 \mid x - 2y = 0, 3x + z - 0\}$.
La dimensione di $V + W$ è: [a] 4; [b] 3; [c] 2; [d] 1.

412. Quale di questi è un insieme di vettori linearmente indipendenti in $\mathcal{M}_{2\times2}(\mathbb{C})$? [a] nessuno;
[b] $\begin{pmatrix} 1 & i \\ 0 & 0 \end{pmatrix}, \begin{pmatrix} 0 & 0 \\ 0 & 0 \end{pmatrix}$; [c] $\begin{pmatrix} 1 & i \\ 0 & 0 \end{pmatrix}, \begin{pmatrix} 0 & i \\ 1 & 0 \end{pmatrix}, \begin{pmatrix} i & i-1 \\ 1 & 0 \end{pmatrix}$; [d] $\begin{pmatrix} 1 & i \\ 0 & 0 \end{pmatrix}, \begin{pmatrix} 0 & i \\ 1 & 0 \end{pmatrix}$

413. Le coordinate di $(1, 1, 1)$ rispetto alla base $e_1, e_1 + e_2, e_1 + e_2 + e_3$ sono:
[a] $(1, 2, 3)$; [b] $(1, 1, 1)$; [c] $(0, 0, 1)$; [d] $(-1, -1, 3)$.

414. La retta affine di $\mathbb{R}^3$ passante per $(1, 1, 2)$ e $(2, 0, 1)$ è data da: [a] $r(t) = (t, -t + 2, -t + 1)$;
[b] $x + y - 2 = 0, x + z - 3 = 0$; [c] $r(t) = (t, -t + 2, t + 3)$; [d] $x - y + 2 = 0, z = -x + 3$.

415. Se $A \in \mathcal{M}_{3\times3}(\mathbb{C}^3)$ è diagonalizzabile, allora: [a] Le colonne di A sono una base di $\mathbb{C}^3$ formata da
autovettori di A; [b] A è invertibile; [c] A è simmetrica; [d] nessuna delle precedenti.

416. Sia $f \in \mathrm{End}(\mathcal{M}_{2\times2}(\mathbb{R}))$ dato da $f(X) = X(\begin{smallmatrix} 1 & 1 \\ 0 & 1 \end{smallmatrix})$. Quanti blocchi ha la forma di Jordan di f?
[a] 1; [b] 2; [c] 3; [d] 4.

417. Il rango della matrice $\begin{pmatrix} 1 & 0 & -1 & 2 \\ 1 & -2 & -1 & 0 \\ 1 & 2 & 3 & 4 \end{pmatrix}$ è: a 1; b 2; c 3; d 4.

418. Le coordinate di $\begin{pmatrix} i & 0 \\ 2 & 1 \end{pmatrix}$ rispetto alla base $\begin{pmatrix} 1 & 0 \\ 0 & 0 \end{pmatrix}, \begin{pmatrix} 1 & 1 \\ 0 & 0 \end{pmatrix}, \begin{pmatrix} 1 & 1 \\ 1 & 0 \end{pmatrix}, \begin{pmatrix} i & 1 \\ 0 & 1 \end{pmatrix}$ di $\mathcal{M}_{2\times 2}(\mathbb{C})$
sono: a $(1,\text{-}3,2,1)$; b $(1,3,2,1)$; c $(i,-3,-2,1)$; d $(i,0,2,1)$.

419. La segnatura di $\begin{pmatrix} -1 & 0 & 0 \\ 0 & 0 & 1 \\ 0 & 1 & 1 \end{pmatrix}$ è: a $(0,1,2)$; b $(1,1,1)$; c $(2,0,1)$; d $(0,2,1)$.

420. La funzione da $\mathbb{R}^3$ in sé definita da $f(x,y,z)=(z,y,x)$ è:
a una rotazione; b una riflessione; c una traslazione; d nessuna delle precedenti.

421. I piani di $\mathbb{R}^3$ $\pi=\{y-z=-1\}$ e $\theta=\text{span}\{(1,1,-1),(0,0,1)\}$ sono:
a incidenti in una retta; b paralleli; c incidenti in un punto ; d coincidenti.

422. In $\mathbb{R}^3$ col prodotto scalare standard sia $v=(1,1,1)$ e sia $f\in\text{End}(\mathbb{R}^3)$ la proiezione ortogonale su $v^\perp$.
La matrice di f in base canonica è:
a $\dfrac{1}{3}\begin{pmatrix} 1 & 0 & -1 \\ -1 & 1 & 0 \\ 0 & -1 & 1 \end{pmatrix}$; b $\dfrac{1}{3}\begin{pmatrix} 2 & 1 & 1 \\ 1 & 2 & 1 \\ 1 & 1 & 2 \end{pmatrix}$; c $\dfrac{1}{3}\begin{pmatrix} -2 & 1 & 1 \\ 1 & -2 & 1 \\ 1 & 1 & -2 \end{pmatrix}$; d $\dfrac{1}{3}\begin{pmatrix} 2 & -1 & -1 \\ -1 & 2 & -1 \\ -1 & -1 & 2 \end{pmatrix}$.

423. In $\mathbb{R}^3$ l'equazione del piano ortogonale a $r(t)=(t,-t+1,2t)$ e passante per $(-1,1,3)$ è:
a $x+y+2z-6=0$; b $x-y+2z-3=0$; c $x-y+2z-4=0$; d $-x+y+2z-8=0$.

424. Quale delle seguenti è una base di $\mathbb{C}^2$?
a $(1,1),(i,i)$; b $(1,0),(0,1),(0,i)$; c $(1,0),(0,i)$; d nessuna delle precedenti.

425. Sia $I\subset\mathbb{R}^4$ definito da $I=\{(\sin\theta,\cos\theta,\sin\theta,-\cos\theta):\theta\in[0,1]\}$ e sia $W=\text{span}(I)$.
a $\dim(W)=4$; b $\dim(W)=1$; c $\dim(W)=2$; d $\dim(W)=3$.

426. Le coordinate di $ix^2+(1-2i)x+2i$ rispetto alla base $\{ix-1,-x,x^2+1\}$ di $\mathbb{C}_{\le 2}[x]$ sono:
a $(i,2i,-i)$; b $(i,-2i,i)$; c $(-i,2i,i)$; d $(i,-2i,-i)$.

427. La conica di equazione $(x+y)^2=9$ è una:
a ellisse ; b coppia di rette incidenti; c iperbole ; d coppia di rette parallele.

428. L'equazione del piano ortogonale a $r(t)=(t,t+1,2t)$ e passante per $(-1,1,3)$ è:
a $x+y+2z-6=0$; b $x-y+2z-3=0$; c $x-y+2z+4=0$; d $-x+y+2z-8=0$.

429. La distanza indotta da un prodotto scalare $\langle\cdot,\cdot\rangle$ su V è:
a sempre positiva; b positiva o nulla; c bilineare; d lineare.

430. L'equazione della retta affine di $\mathbb{R}^3$ passante per $(-1,0,0)$ e $(-1,1,-1)$ è:
a $\begin{cases} x+y+z=0 \\ x+y=0 \end{cases}$; b $\begin{cases} x-y-z=0 \\ y=1 \end{cases}$; c $\begin{cases} x+z=0 \\ z-y=1 \end{cases}$; d $\begin{cases} y+z=0 \\ x=-1 \end{cases}$.

431. Le coordinate di $(x+1)^2+x^2+1$ rispetto ad una base di $\mathbb{Z}_{2\le 2}[x]$ sono:
a $(0,0,0)$; b $(1,1,1)$; c dipendono dalla base scelta; d nessuna delle altre.

432. La dimensione di $\{f\in\hom(\mathbb{C}^3,\mathbb{C}^2)\mid f(e_2)=(1,i)\}$ è: a 1; b 2; c 3; d 4.

433. La matrice di $f(x,y)=(2x-y,x-y)$ nella base di $\mathbb{R}^2$ formata da $v_1=e_1+e_2, v_2=e_1$ è:
a $\begin{pmatrix} 0 & 2 \\ 1 & 1 \end{pmatrix}$; b $\begin{pmatrix} 1 & 2 \\ 0 & 1 \end{pmatrix}$; c $\begin{pmatrix} 0 & 1 \\ 1 & 1 \end{pmatrix}$; d $\begin{pmatrix} 2 & -1 \\ 1 & -1 \end{pmatrix}$.

434. Le coordinate di $(i-x)^2$ in $\mathbb{C}_{\le 2}[x]$ sono:
a $(1,\text{-}2,1)$; b nessuna delle altre; c $(i,-1)^2$; d dipende dalla base scelta.

435. La conica di equazione $x^2-y^2+x-y+1=0$ è:
a un'ellisse reale; b una parabola; c un'iperbole; d l'insieme vuoto.

436. Quale matrice è simile a $\begin{pmatrix} 1 & 0 \\ 0 & 0 \end{pmatrix}$? $\boxed{a}$ $\begin{pmatrix} 2 & 0 \\ 0 & 4 \end{pmatrix}$; $\boxed{b}$ $\begin{pmatrix} 0 & 2 \\ 1 & 0 \end{pmatrix}$; $\boxed{c}$ $\begin{pmatrix} 1 & 2 \\ 0 & 0 \end{pmatrix}$; $\boxed{d}$ $\begin{pmatrix} 1 & 1 \\ 0 & 2 \end{pmatrix}$.

437. Sia $A = \begin{pmatrix} k+2 & -1 \\ k & k^2 \end{pmatrix}$ e $b = \begin{pmatrix} 1 \\ k \end{pmatrix}$. Per quali k il sistema $AX = b$ ha soluzione?

$\boxed{a}$ $k \neq 0, 1$; $\quad$ $\boxed{b}$ $k \neq 0$; $\quad$ $\boxed{c}$ $k \neq -1$; $\quad$ $\boxed{d}$ Il sistema ha sempre soluzione.

438. In $\mathbb{R}^2$ siano $P_1 = (2,0), P_2 = (1,1), P_3 = (0,2)$. $\boxed{a}$ Esiste un'isometria che manda P_1 in P_2, P_2 in P_3 e P_3 in P_1; $\boxed{b}$ Esiste un'affinità che manda P_1 in P_2, P_2 in P_3 e P_3 in P_1; $\boxed{c}$ Esiste $f \in \text{End}(\mathbb{R}^2)$ che manda P_1 in P_2, P_2 in P_3 e P_3 in P_1; $\boxed{d}$ Nessuna delle precedenti.

439. Sia $f : \mathbb{R}_{\leq 3}[x] \to \mathbb{R}_{\leq 2}[x]$ la derivata. La sua matrice nelle basi canoniche è:

$\boxed{a}$ $\begin{pmatrix} 0 & 0 & 1 & 0 \\ 0 & 1 & 0 & 0 \\ 1 & 0 & 0 & 0 \end{pmatrix}$; $\boxed{b}$ $\begin{pmatrix} 1 & 0 & 0 & 0 \\ 0 & 2 & 0 & 0 \\ 0 & 0 & 3 & 1 \end{pmatrix}$; $\boxed{c}$ $\begin{pmatrix} 0 & 1 & 0 & 0 \\ 0 & 0 & 2 & 0 \\ 0 & 0 & 0 & 3 \end{pmatrix}$; $\boxed{d}$ nessuna delle precedenti.

440. In $\mathbb{R}^2$ la distanza di $(2,2)$ dalla retta $y + x - 2 = 0$ è: $\boxed{a}$ $\sqrt{2} - 1$; $\boxed{b}$ $\sqrt{2}$; $\boxed{c}$ π; $\boxed{d}$ $2\sqrt{2}$.

441. La dimensione di $V = \{f \in \text{hom}(\mathbb{R}^2, \mathbb{R}^3) \mid \text{Imm}\, f \subseteq \text{span}(e_1)\}$ è: $\boxed{a}$ 2; $\boxed{b}$ 3; $\boxed{c}$ 4; $\boxed{d}$ 5.

442. In $\mathbb{R}^2$ col prodotto scalare standard, la distanza tra $(1,1)$ ed la retta $r = \{x + y = 3\}$ è:

$\boxed{a}$ 2; $\boxed{b}$ $\sqrt{3/2}$; $\boxed{c}$ 0; $\boxed{d}$ $\sqrt{1/2}$.

443. Sia $b \in \text{bil}(\mathbb{R}^2)$ la forma simmetrica con forma quadratica $x^2 - y^2 + 2xy$. La matrice di b rispetto alla base $(1,1), (1,0)$ è: $\boxed{a}$ $\begin{pmatrix} 2 & 1 \\ 1 & 1 \end{pmatrix}$; $\boxed{b}$ $\begin{pmatrix} 2 & 2 \\ 2 & 1 \end{pmatrix}$; $\boxed{c}$ $\begin{pmatrix} 1 & 1 \\ 1 & -1 \end{pmatrix}$; $\boxed{d}$ $\begin{pmatrix} 2 & 0 \\ 0 & 1 \end{pmatrix}$.

444. Il rango di $\begin{pmatrix} 1 & 0 & 1 & 0 \\ 0 & 2 & 0 & 2 \\ 1 & 1 & 0 & 2 \\ 1 & 2 & 1 & 2 \end{pmatrix}$ è: $\boxed{a}$ 2; $\boxed{b}$ 4; $\boxed{c}$ 3; $\boxed{d}$ 5.

445. Quale di questi è un insieme di vettori linearmente indipendenti in $\mathbb{R}_3[x]$? $\boxed{a}$ $3x, 89, (x+1)^2$; $\boxed{b}$ $0, (x+1)^2$; $\boxed{c}$ $1, x, (x+1)^2, x^2 - x, (1+x)^3, x - 1$; $\boxed{d}$ $(x+1)^2, x^2 + 1, 45x$.

446. In $\mathbb{R}^3$ l'ortogonale di $(1,1,-1)$ rispetto al prod. scal. con forma quadratica $x^2 - 2xy + 2y^2 + z^2$ è $\boxed{a}$ $z = y$; $\boxed{b}$ $z + y = x$; $\boxed{c}$ $\text{span}(0,1,-1)$; $\boxed{d}$ $x + y - z = 0$.

447. In $\mathbb{R}^3$ siano $v_1 = (0,1,1,), v_2 = (1,1,0), v_3 = (1,0,1)$ e $w_1 = (1,2,3), w_2 = (4,5,6), w_3 = (7,9,8)$. Una $f \in \text{End}(\mathbb{R}^3)$ tale che $f(v_i) = w_i$ per ogni i: $\boxed{a}$ non esiste; $\boxed{b}$ esiste ed è unica; $\boxed{c}$ esiste ma non è unica; $\boxed{d}$ nessuna delle altre.

448. La forma bilineare su $\mathbb{R}_{\leq 2}[x]$ definita da $b(p,q) = (pq)'(1)$ è: $\boxed{a}$ un prodotto scalare; $\boxed{b}$ simmetrica; $\boxed{c}$ definita positiva; $\boxed{d}$ nessuna delle altre.

449. In $\mathbb{R}^3$ la distanza tra $P = (1,0,-1)$ ed il piano $\pi : y - 2z = 3$ è: $\boxed{a}$ $-1/\sqrt{5}$; $\boxed{b}$ $1/\sqrt{5}$; $\boxed{c}$ $2/\sqrt{5}$; $\boxed{d}$ $1/\sqrt{14}$.

450. Quante soluzioni ha in $(\mathbb{Z}_2)^3$ il sistema $\begin{cases} x - y + z = 0 \\ x + y + z = 0 \end{cases}$? $\boxed{a}$ 1; $\boxed{b}$ 2; $\boxed{c}$ 3; $\boxed{d}$ 4.

451. Quale delle seguenti equazioni definisce un sottospazio vettoriale di $\mathbb{R}^2$? $\boxed{a}$ $x^2 + y^2 = 1$; $\boxed{b}$ $x^2 + y^2 < 1$; $\boxed{c}$ $x^2 = 0$; $\boxed{d}$ $xy = 0$.

452. In $\mathbb{R}_{\leq 5}[x]$ distanza tra x e x^2 rispetto al prodotto scalare $\langle p, q \rangle = \int_0^1 p(x)q(x)dx$ è: $\boxed{a}$ $1/\sqrt{30}$; $\boxed{b}$ $1/\sqrt{6}$; $\boxed{c}$ $1/\sqrt{5}$; $\boxed{d}$ $1/30$.

453. La conica definita dall'equazione $4x^2 + 4xy + y^2 + y = 1$ è: $\boxed{a}$ ellisse; $\boxed{b}$ iperbole; $\boxed{c}$ parabola; $\boxed{d}$ coppia di rette.

454. Siano A, B due matrici 3x3 a coefficienti reali. Allora $\det(AB) = ?$ $\boxed{a}$ $(\det A)(\det B)$; $\boxed{b}$ $\det A + \det B$; $\boxed{c}$ $(\det A)/(\det B)$; $\boxed{d}$ 9.

455. Il polinomio caratteristico di $f(x, y, z) = (x + y + z, x - y - 2z, z - x)$ è
[a] $(x + 1)(x - 1)(1 - x)$;   [b] $x^2 - 1$;   [c] $(x - 1)^3$;   [d] $(x + 1)^3$.

456. Un sottoinsieme non vuoto di uno spazio vettoriale V è un sottospazio vettoriale se: [a] Contiene lo zero;   [b] è chiuso per somma e prodotto;   [c] non contiene lo zero;   [d] nessuna delle altre.

457. Siano $v_1, \ldots, v_n$ dei generatori di $\mathbb{R}^k$, allora:
[a] sono linearmente indipendenti;   [b] $k = n$;   [c] $k > n$;   [d] $k \leq n$.

458. Sia $f \in \text{End}(\mathbb{R}_{\leq 2}[x])$ la derivata. La matrice di f nelle base $x^2, 1 + x, x$ è:
[a] $\begin{pmatrix} -1 & -1 & 2 \\ 1 & 1 & 0 \\ 0 & 0 & 0 \end{pmatrix}$;   [b] $\begin{pmatrix} 0 & 0 & 0 \\ 0 & 1 & 1 \\ 2 & -1 & -1 \end{pmatrix}$;   [c] $\begin{pmatrix} 0 & 1 & 0 \\ 0 & 0 & 2 \\ 0 & 0 & 0 \end{pmatrix}$;   [d] $\begin{pmatrix} 0 & 1 & 1 \\ 2 & 0 & 0 \\ 0 & 0 & 0 \end{pmatrix}$.

459. Sia $f \in \text{hom}(V, W)$ con V, W spazi di dimensione finita. Se $\dim(V) > \dim(W)$, allora:
[a] $\ker f = \{0\}$;   [b] $\ker f \neq \{0\}$;   [c] $\dim(\ker f) \geq \dim(\text{Imm} f)$;   [d] $\text{Imm} f \neq \{0\}$.

460. Su $\mathbb{R}_{\leq 1}[x]$ con base $1, x$, la matrice associata al prodotto scalare $\langle p, q \rangle = \int_0^2 p(x)q(x)dx$ è:
[a] $\begin{pmatrix} 6 & 3 \\ 3 & 2 \end{pmatrix}$;   [b] $\begin{pmatrix} 2 & 2 \\ 2 & 8/3 \end{pmatrix}$;   [c] $\begin{pmatrix} 1/3 & 1/2 \\ 1/2 & 1 \end{pmatrix}$;   [d] $\begin{pmatrix} 12 & 24 \\ 24 & 64 \end{pmatrix}$.

461. La dimensione di $\text{hom}(\mathbb{R}^2, \mathbb{R}^3)$ è: [a] 3;   [b] 4;   [c] 5;   [d] 6.

462. Quale delle seguenti funzioni è lineare?
[a] $f(x, y) = x^2 + y$;   [b] $f(x, y) = (x + y, y)$;   [c] $f(x, y) = x/y$;   [d] Nessuna delle altre.

463. Quale delle seguenti è una base di $\mathbb{C}_{\leq 3}[x]$?   [a] $1 + ix + x^2, 1 + (1 - i)x^2, 2i - x + x^2$;
[b] $x^2 + 1, x + i, x^3$;   [c] $1, x, x^2$;   [d] nessuna delle precedenti.

464. In $\mathbb{R}^4$ siano $V = \text{span}\{e_2, e_1 + 2e_4\}$ e $W = \{(x, y, z, t) \in \mathbb{R}^4 \mid x - 2y = 0, 3t + z = 0\}$.
La dimensione di $V + W$ è: [a] 4;   [b] 3;   [c] 2;   [d] 1.

465. In $\mathbb{R}_{\leq 3}[x]$, le coordinate di $1 + x^3$ rispetto alla base $\{x - 1, x^2 + x, x^2, x^3\}$ sono:
[a] $(1, 1, 1, 1)$;   [b] $(-1, 1, -1, 1)$;   [c] $(1, 0, 2, 1)$;   [d] $(2, 1, -1, 1)$.

466. Sia $w = (1, 0, -1) \in \mathbb{R}^3$ e sia $f : \mathbb{R}^3 \to \mathbb{R}^3$ definita da $f(v) = -v + \langle v, w \rangle w$. Ove $\langle v, w \rangle$ rappresenta il prodotto scalare standard di $\mathbb{R}^3$. Quale dei seguenti valori è autovalore di f?
[a] 0;   [b] 1;   [c] 2;   [d] 3.

467. La segnatura (n_0, n_+, n_-) della forma bilineare associata alla matrice $\begin{pmatrix} 1 & 2 & 2 \\ 2 & 2 & 1 \\ 2 & 1 & 1 \end{pmatrix}$ è:

[a] $(1, 2, 3)$;   [b] $(0, 1, 2)$;   [c] $(0, 2, 1)$;   [d] $(1, 0, 2)$.

468. Qual è base di $(\mathbb{Z}_2)^3$?   [a] $\begin{pmatrix} 1 \\ 0 \\ 2 \end{pmatrix}, \begin{pmatrix} 1 \\ 0 \\ 0 \end{pmatrix}, \begin{pmatrix} 0 \\ 1 \\ 0 \end{pmatrix}$;   [b] $\begin{pmatrix} 1 \\ 0 \\ 0 \end{pmatrix}, \begin{pmatrix} 0 \\ 1 \\ 1 \end{pmatrix}$;   [c] $\begin{pmatrix} 0 \\ 1 \\ 1 \end{pmatrix}, \begin{pmatrix} 1 \\ 1 \\ 0 \end{pmatrix}, \begin{pmatrix} 1 \\ 0 \\ 1 \end{pmatrix}$;   [d] Nessuna.

469. Siano $A_1, \ldots, A_k$ matrici che generano $\mathcal{M}_{3 \times 3}(\mathbb{K})$. Allora necessariamente:
[a] sono linearmente indipendenti;   [b] $k \geq 9$;   [c] sono una base;   [d] $k < 9$.

470. Sia $A = \begin{pmatrix} 1 & 0 & 1 \\ 1 & 1 & 1 \\ 0 & 0 & 0 \end{pmatrix}$. Quante soluzioni ha in $\mathbb{Z}_2^3$ il sistema $AX = 0$?

[a] 0;   [b] 1;   [c] 2;   [d] ∞.

471. Gli autovalori di $f(x, y, z) = (x + z, -y, y + 2z)$ sono: [a] $1, -1, 2$;   [b] $2, 1, 0$;   [c] $1, -1$;   [d] $1, 0$.

472. Le coordinate di $(3, 2, 1)$ rispetto alla base $e_1, e_1 + e_2, e_1 + e_2 + e_3$ sono:
[a] $(1, 2, 3)$;   [b] $(1, 1, 1)$;   [c] $(-1, -2, 3)$;   [d] $(-1, -1, 3)$.

473. Quali dei seguenti è un sistema di generatori di $\mathbb{R}_{\leq 3}[x]$?   [a] $1 + x + x^2 + x^3$;
[b] $(1 + x + x^2 + x^3)^3$;   [c] $0, 1, x, x + x^2, (x + 1)(x - 1)$;   [d] nessuno dei precedenti.

474. Un'applicazione lineare da $\mathbb{K}_{\leq 25}[x] \to \mathcal{M}_{3\times 8}(\mathbb{K})$ non può:

[a] esistere;   [b] essere iniettiva;   [c] essere suriettiva;   [d] nessuna delle altre.

475. In $\mathbb{R}^2$ la dimensione di $\text{span}\{(x,y) \in \mathbb{R}^2 : x = 1\}$ è: [a] 1;   [b] 2;   [c] 3;   [d] 4.

476. Sia $f \in \text{End}(\mathbb{C}^4)$ data da $f(x,y,z,t) = (y, -x, iz, z + it)$. La molteplicità geometrica di i è:

[a] 1;   [b] 2;   [c] 3;   [d] 4.

477. L'ortogonale di $\{(x,y,z) \in \mathbb{R}^3$ tali che $x + y = 0$ e $z = 0\}$ rispetto al prod. scal. standard è:

[a] $\{2x = y\} \cap \{z = 0\}$;   [b] $\{y = x\}$;   [c] $\{x = -y\}$;   [d] $\text{span}((0,0,1))$.

478. in $\mathbb{R}^3$ le rette $r = \{x = z, z = 2 + y\}$ e $s = \{x - y = 1, x + z = 0\}$ sono tra loro:

[a] parallele;   [b] incidenti;   [c] uguali;   [d] sghembe.

479. Sia $X = \{(\pi, log2, \sqrt{7})\} \subseteq \mathbb{R}^3$; $\text{span}(X)$ ha dimensione [a] 0; [b] 1; [c] 2; [d] 3.

480. Quale tra queste matrici è diagonalizzabile?

[a] $\begin{pmatrix} 1 & 3 & 0 \\ 0 & 1 & 3 \\ 0 & 0 & 1 \end{pmatrix}$;   [b] $\begin{pmatrix} 0 & 1 & 8 \\ 1 & 2 & 0 \\ 8 & 0 & 3 \end{pmatrix}$;   [c] $\begin{pmatrix} 0 & 1 & 0 \\ 0 & 0 & 0 \\ 0 & 0 & 21 \end{pmatrix}$;   [d] $\begin{pmatrix} 1 & 0 & 0 \\ 1 & 1 & 0 \\ 0 & 0 & 2 \end{pmatrix}$.

481. Quanti bolcchi ha la forma di Jordan della matrice $\begin{pmatrix} 1 & 1 & 0 \\ 0 & 2 & 1 \\ 0 & 0 & 3 \end{pmatrix}$?

[a] 1;   [b] 2;   [c] 3;   [d] La matrice non ammette forma di Jordan.

482. La conica di equazione $(x + y)^2 - x + y + y^2 = 0$ è:

[a] un'iperbole;   [b] un'ellisse;   [c] una parabola;   [d] una coppia di rette incidenti.

483. Siano dati in $\mathbb{R}^4$ i sottospazi $W = \{(x,y,z,t) \in \mathbb{R}^4 \mid x - 2t = 0, 3x + y + z = 0\}$ e $V = \text{span}\{e_4, e_1 + 2e_2\}$. La dimensione di $V + W$ è: [a] 4;   [b] 3;   [c] 2;   [d] 1.

484. Le coordinate di $(0,0,1)$ rispetto alla base $\{(1,0,0), (0,1,0), (1,0,1)\}$ di $\mathbb{Z}_2^3$ sono:

[a] $(0,0,1)$;   [b] $(1,0,1)$;   [c] $(0,0,0)$;   [d] $(0,1,1)$.

485. In $\mathbb{R}[x]$, quali dei seguenti insiemi è formato da vettori linearmente indipendenti?

[a] $1, x, x^2, (x+1)^2$;   [b] $1 + x, (1+x)^2, (1+x)^3$;   [c] $(1+x)^2, (1-x)^2, x$;   [d] $x, 1+x, 1, x^2$.

486. La dimensione di $V = \{f \in \text{hom}(\mathbb{R}^3, \mathbb{R}^3) \mid \text{Imm}(f) = \text{span}(e_1)\}$ è: [a] 1;   [b] 3;   [c] 6;

[d] V non è uno sottospazio di $\text{hom}(\mathbb{R}^3, \mathbb{R}^3)$.

487. In $\mathbb{R}^3$ la retta parallela a $s = \{y = x + 1, 2x - z = 3\}$ e passante per $(-1, 1, 3)$ è:

[a] $(t, t - 2, 2t + 5)$;   [b] $(t, -t - 2, 2t + 5)$;   [c] $(t, t + 2, 2t + 5)$;   [d] $(-t, t, 2t + 1)$.

488. Quali delle seguenti è una base ortonormale per il prodotto scalare standard di $\mathbb{R}^2$?

[a] $e_1, e_1 + e_2$;   [b] $e_2 + e_1, e_1 - e_2$;   [c] $e_1 - e_2, e_2 - e_1$;   [d] nessuna delle precedenti.

489. La conica di equazione $x^2 + y^2 + 2x - 1 = 0$ è:

[a] un'ellisse reale;   [b] un'iperbole;   [c] una parabola;   [d] Insieme vuoto (ellisse non reale).

490. La segnatura (n_0, n_+, n_-) di $b \in bil(\mathbb{R}_{\leq 2}[x])$ data da $b(p,q) = p'(0)q'(0) - \frac{3}{2}\int_{-1}^{1} p(x)q(x)dx$ è:

[a] $(1,2,0)$;   [b] $(2,0,1)$;   [c] $(1,0,2)$;   [d] $(0,2,1)$

491. In $\mathbb{R}^2$ la rotazione di angolo π attorno al punto $(1,2)$ è:

[a] un'applicazione lineare;   [b] un'affinità;   [c] entrambe;   [d] nessuna delle precedenti.

492. Sia $A = \begin{pmatrix} 1 & 1 \\ 0 & 1 \end{pmatrix}$ e sia $f \in \text{End}(\mathcal{M}_{2\times 2}(\mathbb{R}))$ definito da $f(X) = XA$. Gli autovalori di f sono:

[a] ± 1;   [b] $0, 2$;   [c] 1;   [d] f non ha autovalori reali.

493. La dimensione di $V = \{f \in \text{hom}(\mathbb{R}^3, \mathbb{R}^2)$ tali che $f(0,0,1) = 0, f(0,1,0) \in \text{span}(1,0)\}$ è:

[a] 1;   [b] 2;   [c] 3;   [d] 4.

494. La matrice associata alla forma bilineare $b((x_1, y_1), (x_2, y_2)) = x_1 y_2 + x_2 y_1$ in base canonica è:

$\boxed{a}$ $\begin{pmatrix} 1 & 0 \\ 0 & 1 \end{pmatrix}$; $\qquad$ $\boxed{b}$ $\begin{pmatrix} 0 & 1 \\ 1 & 0 \end{pmatrix}$; $\qquad$ $\boxed{c}$ $\begin{pmatrix} 1 & 1 \\ 0 & 0 \end{pmatrix}$; $\qquad$ $\boxed{d}$ b non è una forma bilineare.

495. Se d è la distanza indotta da un prodotto scalare $\langle \cdot, \cdot \rangle$ su V allora $d(x, y)$ è data da:

$\boxed{a}$ $\|x - y\|$; $\qquad$ $\boxed{b}$ $\sqrt{x^2 + y^2}$; $\qquad$ $\boxed{c}$ $\langle x, y \rangle$; $\qquad$ $\boxed{d}$ $\langle x - y, x - y \rangle$.

496. Quali dei seguenti elementi di $\mathbb{R}_{\leq 3}[x]$ sono linearmente indipendenti tra loro?

$\boxed{a}$ $1, 1+x, 1-x$; $\qquad$ $\boxed{b}$ $x^2, (x+1)^2, 1+x, 2$; $\qquad$ $\boxed{c}$ $1, x, x^3, (x-1)(x^2+x+1)$; $\qquad$ $\boxed{d}$ $1, x, x^3$.

497. In $\mathbb{R}^3$, la distanza tra $P = (1, -1, 0)$ ed l'asse Y è: $\qquad$ $\boxed{a}$ 0; $\qquad$ $\boxed{b}$ 1; $\qquad$ $\boxed{c}$ -1; $\qquad$ $\boxed{d}$ $\sqrt{2}$.

498. Qual è il rango di $A = \begin{pmatrix} 1 & 0 & 0 & 0 & 1 \\ 0 & -1 & 1 & 1 & 1 \\ 1 & 0 & 1 & 0 & 1 \\ 0 & -1 & 1 & 1 & 1 \end{pmatrix}$ su $\mathbb{Z}_2$? $\qquad$ $\boxed{a}$ 2; $\qquad$ $\boxed{b}$ 3; $\qquad$ $\boxed{c}$ 4; $\qquad$ $\boxed{d}$ 5.

499. la segnatura (n_0, n_+, n_-) di $\begin{pmatrix} 1 & 1 & 1 \\ 1 & 1 & 1 \\ 1 & 1 & -1 \end{pmatrix}$ è? $\boxed{a}$ $(2, 1, 0)$; $\qquad$ $\boxed{b}$ $(1, 1, 1)$; $\qquad$ $\boxed{c}$ $(0, 1, 1)$; $\qquad$ $\boxed{d}$ $(1, 0, 2)$.

500. La matrice associata a $f(x, y) = (2x - y, y - x)$ nella base di $\mathbb{R}^2$ formata da $v_1 = e_1 + e_2, v_2 = e_1$ è:

$\boxed{a}$ $\begin{pmatrix} 0 & -1 \\ 1 & 3 \end{pmatrix}$; $\qquad$ $\boxed{b}$ $\begin{pmatrix} 1 & 2 \\ 0 & -1 \end{pmatrix}$; $\qquad$ $\boxed{c}$ $\begin{pmatrix} 1 & 1 \\ -1 & 3 \end{pmatrix}$; $\qquad$ $\boxed{d}$ $\begin{pmatrix} 1 & -3 \\ 0 & 1 \end{pmatrix}$.

501. Su $\mathbb{R}_{\leq 1}[x]$ con base $1, x$, la matrice associata al prodotto scalare $\langle p, q \rangle = 3 \int_0^4 p(x)q(x)dx$ è:

$\boxed{a}$ $\begin{pmatrix} 6 & 3 \\ 3 & 2 \end{pmatrix}$; $\qquad$ $\boxed{b}$ $\begin{pmatrix} 2 & 2 \\ 2 & 8/3 \end{pmatrix}$; $\qquad$ $\boxed{c}$ $\begin{pmatrix} 1/3 & 1/2 \\ 1/2 & 1 \end{pmatrix}$; $\qquad$ $\boxed{d}$ $\begin{pmatrix} 12 & 24 \\ 24 & 64 \end{pmatrix}$.

502. La conica di equazione $x^2 - y^2 = 0$ è:

$\boxed{a}$ retta doppia; $\qquad$ $\boxed{b}$ rette incidenti; $\qquad$ $\boxed{c}$ rette parallele; $\qquad$ $\boxed{d}$ retta semplice.

503. Sia $A = \begin{pmatrix} 1 & 0 & 1 & 1 \\ 1 & 2 & -1 & 0 \\ 2 & 2 & 0 & 1 \end{pmatrix}$ e $b = \begin{pmatrix} 3 \\ 2 \\ 1 \end{pmatrix}$. Quante soluzioni ha in $\mathbb{R}^4$ il sistema $AX = b$?

$\boxed{a}$ 0; $\qquad$ $\boxed{b}$ 1; $\qquad$ $\boxed{c}$ 2; $\qquad$ $\boxed{d}$ ∞.

504. Quale delle seguenti espressioni per $f(X)$ rapprensenta una rotazione di $\mathbb{R}^2$?

$\boxed{a}$ $\begin{pmatrix} 1 & 1 \\ 1 & 1 \end{pmatrix} X$; $\qquad$ $\boxed{b}$ $\begin{pmatrix} 1 & 0 \\ 0 & 1 \end{pmatrix} X + \begin{pmatrix} 0 \\ 1 \end{pmatrix}$; $\qquad$ $\boxed{c}$ $\begin{pmatrix} 1/\sqrt{2} & -1/\sqrt{2} \\ 1/\sqrt{2} & 1/\sqrt{2} \end{pmatrix} X$; $\qquad$ $\boxed{d}$ Nessuna delle altre.

505. Se $A \in \mathcal{M}_{n \times n}(\mathbb{Z}_2)$ allora: $\boxed{a}$ $A^{2n} = 0$; $\qquad$ $\boxed{b}$ $\ker A \subseteq \ker A^2$; $\qquad$ $\boxed{c}$ $\ker A = \ker A^2$; $\qquad$ $\boxed{d}$ $A^T = A^{-1}$.

506. Quali sono equazioni parametriche per $V = \{x = z, 4y - x + z = 0\} \subseteq \mathbb{R}^3$?

$\boxed{a}$ $x = z = s, y = 0$; $\boxed{b}$ $x = s, y = s + t, z = t$; $\boxed{c}$ $x = s, y = z = t$; $\boxed{d}$ nessuna delle precedenti.

507. Gli autovalori reali di $f \in \text{End}(\mathbb{R}^3)$ data da $f(x, y, z) = (-y, x, y + 2z - x)$ sono:

$\boxed{a}$ Non ne ha; $\qquad$ $\boxed{b}$ 0, 2; $\qquad$ $\boxed{c}$ 2; $\qquad$ $\boxed{d}$ Nessuna delle precedenti.

508. In $\mathbb{R}^3$ siano $p_1 = (1, 1, 1)$ e $p_2 = (-1, -1, -1)$. La retta per p_1 e p_2 è:

$\boxed{a}$ $x - y = y - z = 1$; $\qquad$ $\boxed{b}$ $x + y + z = 0$; $\qquad$ $\boxed{c}$ $\text{span}(1, 1, 1)$; $\qquad$ $\boxed{d}$ $\text{span}(p_2 - p_1) + (1, 1, 0)$.

509. Sia A una matrice 3x3 invertibile a coefficienti reali. Allora $\det(AA^{-1}) = $?

$\boxed{a}$ $(\det A)^2$; $\qquad$ $\boxed{b}$ 0 ; $\qquad$ $\boxed{c}$ 1; $\qquad$ $\boxed{d}$ 9.

510. Quale delle seguenti espressioni per $f(X)$ rapprensenta un'isometria di $\mathbb{R}^2$ che manda $(1, 0)$ in $(1, 1)$ e $(0, 0)$ in $(0, 0)$?

$\boxed{a}$ $\begin{pmatrix} 1 & 1 \\ 1 & 1 \end{pmatrix} X$; $\qquad$ $\boxed{b}$ $\begin{pmatrix} 1 & 0 \\ 0 & 1 \end{pmatrix} X + \begin{pmatrix} 0 \\ 1 \end{pmatrix}$; $\qquad$ $\boxed{c}$ $\begin{pmatrix} 1 & 1 \\ 1 & 2 \end{pmatrix} X$; $\qquad$ $\boxed{d}$ Nessuna delle precedenti.

511. La matrice di $b(p, q) = p(0)q(0) + p(1)q(1) + p(-1)q(-1)$ nella base $x + 1, x - 1$ di $\mathbb{R}_{\leq 2}[x]$ è:

$\boxed{a}$ $\begin{pmatrix} 0 & 0 \\ 0 & 0 \end{pmatrix}$; $\qquad$ $\boxed{b}$ $\begin{pmatrix} 1 & 0 \\ 0 & 1 \end{pmatrix}$; $\qquad$ $\boxed{c}$ $\begin{pmatrix} 5 & -1 \\ -1 & 5 \end{pmatrix}$; $\qquad$ $\boxed{d}$ $\begin{pmatrix} 3 & -1 \\ -1 & 1 \end{pmatrix}$.

512. Gli autovalori di $f(x,y,z) = (-3z, -2x+y+4z, -z)$ sono:
[a] $0,1,-1$;   [b] $-3,-2,4$;   [c] 1;   [d] $0,1,-1,2$.

513. Quante soluzioni ha il sistema $\begin{cases} x - iy - z = 0 \\ y = i(z - x) + 1 \end{cases}$ su $\mathbb{C}$? [a] 0;   [b] 4;   [c] 2;   [d] infinite.

514. Le coordinate di $\begin{pmatrix} 2 & -i \\ i & 0 \end{pmatrix}$ rispetto alla base $\begin{pmatrix} 1 & 0 \\ 0 & 0 \end{pmatrix}, \begin{pmatrix} 1 & 1 \\ 0 & 0 \end{pmatrix}, \begin{pmatrix} 1 & 1 \\ 1 & 0 \end{pmatrix}, \begin{pmatrix} i & 1 \\ 0 & 1 \end{pmatrix}$ di $\mathcal{M}_{2\times2}(\mathbb{C})$

sono: [a] $(2+i, -2i, i, 0)$;   [b] $(2, -i, i, 0)$;   [c] $(0, -3, -i, 1)$;   [d] $(i, 0, 2, 1)$.

515. La proiezione ortogonale di $(1,1,0)$ lungo $(4,-2,2)$ è:
[a] $(1/6, -1/12, -1/12)$;   [b] $(-1/3, 1/6, 1/6)$;   [c] $(1/6, -1/12, 1/12)$;   [d] $(1/3, -1/6, 1/6)$.

516. La conica di equazione $x^2 - y = 4$ è una:
[a] ellisse;   [b] parabola;   [c] iperbole;   [d] coppia di rette.

517. Se $d(v,w)$ è la distanza indotta da un prodotto scalre $\langle \cdot, \cdot \rangle$ su V allora: [d] $d(v,-v) = 0$
[a] $d(v,w) = \sqrt{||v||^2 + ||w||^2}$;   [b] $d(v,w) + d(w,u) \geq d(v,u)$;   [c] $d(v,w) > 0$;

518. Sia $A \in \mathcal{M}_{2\times2}(\mathbb{R})$ diagonalizzabile. L'endomorfismo di $\mathcal{M}_{2\times2}(\mathbb{R})$ definito da $f(M) = AM$ è:
[a] suriettivo;   [b] diagonalizzabile;   [c] iniettivo;   [d] nessuna delle precedenti.

519. La matrice associata a $f(x,y) = (-x, y)$ rispetto alla base $(0,1),(2,1)$ è:
[a] $\begin{pmatrix} 0 & 2 \\ 1 & 1 \end{pmatrix}$;   [b] $\begin{pmatrix} -1 & 0 \\ 0 & 1 \end{pmatrix}$;   [c] $\begin{pmatrix} 1 & 2 \\ 0 & -1 \end{pmatrix}$;   [d] $\begin{pmatrix} 0 & -1 \\ -1 & 2 \end{pmatrix}$.

520. Qual è la matrice di un prodotto scalare? [a] $\begin{pmatrix} 2 & 1 \\ 1 & 1 \end{pmatrix}$; [b] $\begin{pmatrix} 0 & 1 \\ 1 & 0 \end{pmatrix}$; [c] $\begin{pmatrix} 0 & 1 \\ 1 & 2 \end{pmatrix}$; [d] $\begin{pmatrix} 1 & 2 \\ 2 & 2 \end{pmatrix}$.

521. Qual è il rango di $A = \begin{pmatrix} 2 & -2 & 0 & 0 & 3 \\ 0 & -3 & 4 & 1 & -1 \\ 0 & 1 & 0 & 0 & -1 \\ -2 & -2 & 1 & 3 & -1 \end{pmatrix}$ su $\mathbb{R}$? [a] 1 ;   [b] 2 ;   [c] 3 ;   [d] 4.

522. La matrice, nella base canonica, della forma $b(x,y) = x_1 y_1 - x_1 y_3 + 3x_2 y_1$ su $\mathbb{R}^3$ è:
[a] $\begin{pmatrix} 0 & -3 & 1 \\ -1 & 1 & 1 \\ 2 & 1 & 0 \end{pmatrix}$;   [b] $\begin{pmatrix} 1 & 0 & -1 \\ 3 & 0 & 0 \\ 0 & 0 & 0 \end{pmatrix}$;   [c] $\begin{pmatrix} 1 & -1 & 0 \\ 0 & 0 & -1 \\ 0 & 0 & 1 \end{pmatrix}$;   [d] $\begin{pmatrix} 1 & 2 & 0 \\ 1 & -1 & 0 \\ 1 & 0 & 3 \end{pmatrix}$.

523. Una base delle soluzioni del sistema $\begin{cases} y + 2z = 0 \\ x + y + 2z - t = 0 \\ 2x - y - 2z - 2t = 0 \end{cases}$ è:
[a] $(1,1,1,1),(1,2,3,1)$; [b] $(1,0,0,1),(1,-2,1,1)$; [c] $(0,2,-1,0)$; [d] nessuna delle precedenti.

524. In $\mathbb{R}^3$ l'ortogonale di $(1,1,-1)$ rispetto al prod. scal. con forma quadratica $x^2 + 2xy + 2y^2 + z^2$ è:
[a] $z = x + y$;   [b] $z = 2x + 3y$;   [c] span$(2,3,-1)$;   [d] $2x + y + 3z = 0$.

525. In $\mathbb{R}^3$ siano $V = $ span$\{(1,-2,0),(0,1,3)\}$ e $W = \{(x,y,z) \in \mathbb{R}^3 \mid x - y + z = 0\}$. La dimensione di $V \cap W$ è: [a] 0;   [b] 1;   [c] 2;   [d] 3.

526. In $\mathbb{R}^4$ la dimensione di span$\{x + y - 1 = 0, x - y + t + 2 = 0\}$ è: [a] 1;   [b] 2;   [c] 3;   [d] 4.

527. Se $\dim(V) = +\infty$ allora: [a] $\dim(\text{End}(V)) = +\infty$;   [b] $\dim(\text{End}(V)) = n^2$;
[c] End(V) non è uno spazio vettoriale;   [d] Nessun elemento di End(V) è invertibile.

528. Quale dei seguenti non è uno spazio vettoriale?   [a] $\{A \in \mathcal{M}_{n\times n}(\mathbb{C}) : A \text{ è diagonale}\}$;
[b] $\{p \in \mathbb{R}[x] : \deg(p) \geq 2\}$;   [c] $\{f : \mathbb{R} \to \mathbb{R} \text{ continua}\}$;   [d] sono tutti spazi vettoriali.

529. Quante soluzioni ha in $(\mathbb{Z}_2)^3$ il sistema $\begin{cases} x = 0 \\ z + y = 0 \end{cases}$?   [a] infinite;   [b] 0;   [c] 1;   [d] 2.

530. Se $f \in \hom(V, W)$ con V, W spazi vettoriali di dimensione finita, allora: $\boxed{a}$ $\operatorname{Imm} f \neq \{0\}$; $\boxed{b}$ $\dim(\operatorname{Imm} f) > \dim(\ker f)$; $\boxed{c}$ $\ker f \neq \{0\}$; $\boxed{d}$ $\dim(\operatorname{Imm} f) \leq \dim(V)$.

531. Quale tra queste matrici è diagonalizzabile?
$\boxed{a}$ $\begin{pmatrix} 0 & -1 & 2 \\ -1 & 0 & 1 \\ 2 & 1 & 0 \end{pmatrix}$; $\boxed{b}$ $\begin{pmatrix} 0 & 1 & 0 \\ 0 & 0 & 0 \\ 0 & 0 & 3 \end{pmatrix}$; $\boxed{c}$ $\begin{pmatrix} 7 & -1 & -14 \\ 4 & 3 & -13 \\ 0 & 0 & 2 \end{pmatrix}$; $\boxed{d}$ $\begin{pmatrix} 1 & 0 & 0 \\ 1 & 1 & 0 \\ 0 & 0 & 3 \end{pmatrix}$.

532. Quali dei seguenti insiemi genera $\mathbb{R}_{\leq 3}[x]$?
$\boxed{a}$ $0, 1, x, x^2$; $\boxed{b}$ $1 + x^2, x, x^3$; $\boxed{c}$ $1 + x, 1 + x^2, x^3$; $\boxed{d}$ $x(1+x), 1 + x, (x-1)(x+1), x^2, x^3$.

533. Se $\pi_1 = \{(x, y, z, t) \in \mathbb{R}^4 \mid x = t, y + 2z = 1\}$ e $\pi_2 = \operatorname{span}\{(1, 0, 0, 1), (0, 1, -2, 0)\}$, allora:
$\boxed{a}$ $\pi_1 \cap \pi_2$ è un punto; $\boxed{b}$ $\pi_1 \cap \pi_2$ è una retta; $\boxed{c}$ $\operatorname{Giac}(\pi_1) = \operatorname{Giac}(\pi_2)$; $\boxed{d}$ $\pi_1 = \pi_2$.

534. Quante soluzioni ha il sistema $\begin{cases} -y + z = 0 \\ z = y \end{cases}$ in $(\mathbb{Z}/2\mathbb{Z})^3$? $\boxed{a}$ 0; $\boxed{b}$ 4; $\boxed{c}$ 2; $\boxed{d}$ infinite.

535. Quale di questi insiemi di vettori genera $\mathbb{R}_{\leq 3}[x]$? $\boxed{a}$ $2 - x, (x+1)^3, x^2 - 2x, x, 2 + x - 3x^2$;
$\boxed{b}$ x, x^2, x^3; $\boxed{c}$ $x, x^2, (x-2)^3, x^4$; $\boxed{d}$ nessuno.

536. La conica definita da $x^2 + y^2 - xy = 1$ è:
$\boxed{a}$ una coppia di rette; $\boxed{b}$ un'iperbole; $\boxed{c}$ una parbola; $\boxed{d}$ un'ellisse.

537. La conica definita dall'equazione $x^2 + xy + 3y^2 = 1$ è:
$\boxed{a}$ ellisse; $\boxed{b}$ iperbole; $\boxed{c}$ parabola; $\boxed{d}$ coppia di rette.

538. Se $U \subset W$ sono sottospazi di V allora necessariamente
$\boxed{a}$ $U + W = V$; $\boxed{b}$ $U + W = W$; $\boxed{c}$ $U + W = U$; $\boxed{d}$ $U \cap W = 0$.

539. Quale di queste è una base per $\mathbb{R}^3$? $\boxed{a}$ nessuna; $\boxed{b}$ $e_1 + 2e_2, e_3 - e_2$;
$\boxed{c}$ $e_1 + e_3, e_1 + 2e_2, 2e_1 + 2e_2 + e_3$; $\boxed{d}$ $e_1 + e_3, e_1 + 2e_2, e_3 - e_2$.

540. Le coordinate di $(2 - i)^2 - x$ rispetto alla base $\{ix^2 - i, ix, 2i\}$ di $\mathbb{C}_{\leq 2}[x]$ sono:
$\boxed{a}$ $(1, -2, 1)$; $\boxed{b}$ $(-\frac{3}{2}i - 2, i, 0)$; $\boxed{c}$ $(2, -i)^2$; $\boxed{d}$ $(0, i, -\frac{3}{2}i - 2)$.

541. Le coordinate di $(1, -1, 0)$ rispetto alla base $\{(0, 0, 1), (1, -1, 2), (1, 0, 1)\}$ di $\mathbb{R}^3$ sono:
$\boxed{a}$ $(1, -1, 2)$; $\boxed{b}$ $(\frac{10}{7}, \frac{3}{7}, \frac{-2}{7})$; $\boxed{c}$ $(\frac{-10}{7}, \frac{-3}{7}, \frac{2}{7})$; $\boxed{d}$ $(-2, 1, 0)$.

542. Una base dello spazio delle soluzioni del sistema $AX = 0$ con $A = \begin{pmatrix} 1 & 0 & 0 \\ 0 & 1 & 0 \end{pmatrix}$ è:

$\boxed{a}$ $(1, 0, 0)$; $\boxed{b}$ $(0, 1, 0)$; $\boxed{c}$ $(0, 0, 1)$; $\boxed{d}$ Nessuna delle altre.

543. Gli autovalori di $f(x, y, z) = (x + z, y + z, x + z)$ sono:
$\boxed{a}$ $0, 1, 2$; $\boxed{b}$ $1, -1, 2$; $\boxed{c}$ $0, -1$; $\boxed{d}$ $0, 1, -1$.

544. Data $A = \begin{pmatrix} 1 & 1 \\ 2 & 1 \end{pmatrix}$, quale matrice non è invertibile? $\boxed{a}$ A^T; $\boxed{b}$ A^{-1}; $\boxed{c}$ nessuna; $\boxed{d}$ A^2.

545. Quale insieme genera $\mathcal{M}_{2 \times 2}(\mathbb{Z}_2)$? $\boxed{a}$ $\begin{pmatrix} 1 & 0 \\ 0 & 0 \end{pmatrix}, \begin{pmatrix} 0 & 1 \\ 0 & 0 \end{pmatrix}, \begin{pmatrix} 0 & 0 \\ 1 & 1 \end{pmatrix}$; $\boxed{b}$ $\begin{pmatrix} 1 & 1 \\ 1 & 0 \end{pmatrix}, \begin{pmatrix} 1 & 1 \\ 0 & 1 \end{pmatrix}$;
$\boxed{c}$ $\begin{pmatrix} 1 & 1 \\ 1 & 0 \end{pmatrix}, \begin{pmatrix} 1 & 1 \\ 0 & 1 \end{pmatrix}, \begin{pmatrix} 1 & 0 \\ 1 & 1 \end{pmatrix}, \begin{pmatrix} 0 & 1 \\ 1 & 1 \end{pmatrix}$; $\boxed{d}$ $\begin{pmatrix} 1 & 0 \\ 0 & 0 \end{pmatrix}, \begin{pmatrix} 0 & 1 \\ 0 & 0 \end{pmatrix}, \begin{pmatrix} 1 & 1 \\ 0 & 0 \end{pmatrix}, \begin{pmatrix} 0 & 0 \\ 0 & 1 \end{pmatrix}$

546. La conica di equazione $(x + y)^2 - (y - 1)^2 - 2y + 2 = 0$ è:
$\boxed{a}$ una parabola; $\boxed{b}$ un'ellisse; $\boxed{c}$ una coppia di retta incidenti; $\boxed{d}$ un'iperbole.

547. Sia $A \in \mathcal{M}_{4 \times 4}(\mathbb{C})$ diagonalizzabile con autovalori $0, 1, -1$. Se $m_a(0) = 2$ allora:
$\boxed{a}$ $\dim(\ker A) < 2$; $\boxed{b}$ $\dim(\ker A) = 1$; $\boxed{c}$ $\operatorname{rango}(A) = 2$ $\boxed{d}$ $\operatorname{rango}(A) = 3$.

548. Detta e_1, e_2, e_3, e_4 la base canonica di $\mathbb{R}^4$, quale sottospazio è in somma diretta con $\operatorname{span}(e_1, e_3)$?
$\boxed{a}$ $\operatorname{span}(e_2, e_4)$; $\boxed{b}$ $V = \operatorname{span}(e_1)$; $\boxed{c}$ $\{x = 0\}$; $\boxed{d}$ $\operatorname{span}(e_1, e_2, e_3)$.

549. Siano $V = \{(x, y, z, t) \in \mathbb{R}^4 \mid x = 0, y = z - t\}$ e $W = \operatorname{span}\{(0, 1, 1, 0), (0, 0, 1, 1)\}$. Qual è la dimensione di $V \cap W$? $\boxed{a}$ 0; $\boxed{b}$ 1; $\boxed{c}$ 2; $\boxed{d}$ 3.

550. Sia $b \in \mathrm{bil}(\mathbb{R}^3)$ la forma simmetrica con forma quadratica $2xy + z^2$. La segnatura (n_0, n_+, n_-) di b è:
[a] $(0, 2, 1)$; [b] $(2, 1, 0)$; [c] $(0, 1, 2)$; [d] $(1, 1, 1)$.

551. In $\mathbb{R}^3$ le rette $r = \{(x, y, z) : x - y = y - z = 0\}$ ed $s = \mathrm{span}(1, 1, 1)$ sono tra loro:
[a] parallele; [b] sghembe; [c] incidenti; [d] uguali.

552. Gli autovalori di $f(x, y, z) = (2x - y + 5z, 4x - 2y - 11z, 0)$ sono:
[a] tutti $= 0$; [b] tutti > 0; [c] tutti < 0; [d] nessuna delle precedenti.

553. Quale può essere un blocco di Jordan nella forma di Jordan di un $f \in \mathrm{End}(\mathbb{R}^3)$ tale che $f^3 = Id$?
[a] $\begin{pmatrix} 0 & 1 \\ 0 & 0 \end{pmatrix}$; [b] $\begin{pmatrix} 1 & 1 \\ 0 & 1 \end{pmatrix}$; [c] $\begin{pmatrix} 1 & 0 \\ 0 & 1 \end{pmatrix}$; [d] Nessuno dei precedenti .

554. Quante soluzioni ha in $(\mathbb{Z}_2)^4$ sistema $\begin{cases} x + y + z = 0 \\ y + t = 0 \end{cases}$? [a] 1; [b] 2; [c] 4; [d] 6.

555. Il sottospazio vettoriale di $\mathbb{R}^3$ ortogonale a $(1, 2, 3)$ e passante $(1, 2, 3)$ è: [a] $(x-1)+2(y-2)+3(z-3) = 0$; [b] $(x - 1) + (y - 2) + (z - 3) = 0$; [c] $x + 2y + 3z = 6$; [d] non esiste.

556. Due piani affini in $\mathbb{R}^4$: [a] si intersecano sempre; [b] se si intersecano le loro giaciture non generano $\mathbb{R}^4$; [c] generano $\mathbb{R}^4$; [d] se le giaciture generano $\mathbb{R}^4$ allora si intersecano.

557. Sia $A = \begin{pmatrix} 1 & -1 \\ -1 & 1 \end{pmatrix}$ e sia $f \in \mathrm{End}(\mathcal{M}_{2 \times 2}(\mathbb{R}))$ definito da $f(X) = XA$. Quale dei seguenti è autovettore di f? [a] $\begin{pmatrix} 1 \\ -1 \end{pmatrix}$; [b] $\begin{pmatrix} 1 & -1 \\ 1 & 1 \end{pmatrix}$; [c] $\begin{pmatrix} 1 & 1 \\ 1 & 1 \end{pmatrix}$; [d] $\begin{pmatrix} 1 & 0 \\ 0 & 1 \end{pmatrix}$.

558. Sia V uno spazio vettoriale di dimensione finita e sia $f \in \mathrm{End}(V)$. [a] se $\ker f = 0$ allora f è suriettiva; [b] $V = \ker f \oplus \mathrm{Imm} f$; [c] $\ker f = \mathrm{Imm} f$; [d] Nessuna delle precedenti.

559. Il polinomio caratteristico di $f(x, y) = (x + y, x + y)$ è:
[a] $x(x - 2)$; [b] $x^2 - 2$; [c] $(x - 1)^2$; [d] $x^2 - 1$.

560. La forma bilineare di $\mathbb{R}^2$ associata a $\begin{pmatrix} x & 0 \\ 0 & 1 \end{pmatrix}$ è definita positiva:
[a] mai; [b] sempre; [c] solo se $x > 0$; [d] solo se $x \neq 0$.

561. La matrice associata alla forma bilineare $b((x_1, x_2), (y_1, y_2)) = x_1 x_2 + y_1 y_2$ in base canonica è:
[a] $\begin{pmatrix} 1 & 0 \\ 0 & 1 \end{pmatrix}$; [b] $\begin{pmatrix} 0 & 1 \\ 1 & 0 \end{pmatrix}$; [c] $\begin{pmatrix} 1 & 1 \\ 0 & 0 \end{pmatrix}$; [d] b non è una forma bilineare.

562. La dimensione di $\mathrm{Hom}(\mathbb{R}^2, \mathbb{R})$ è: [a] 1; [b] 2; [c] 3; [d] 4.

563. Quale dei seguenti insiemi costituisce una base di $\mathbb{C}_{\leq 2}[x]$ come spazio vettoriale su $\mathbb{C}$?
[a] $\{1 + x, 1 - x, x^2\}$; [b] $\{i, 1, x, x^2\}$; [c] $\{1, x, x^2 - 1, (1 + x)^2\}$; [d] $\{1 + x^2, 1 + x + x^2, x\}$.

564. Le coordinate di $(1 + x)$ rispetto alla base $1, 1 + x, x^2$ di $\mathbb{R}_{\leq 2}[x]$ sono:
[a] $(1, 1, 0)$; [b] $(1, 0, 0)$; [c] $(0, 1, 0)$; [d] $(0, 0, 1)$.

565. Quale delle seguenti applicazioni lineari è invertibile? [a] $f(x, y) = (x, y, 0)$;
[b] $f(x, y, z) = (x, y)$; [c] $f(x, y, z) = (x + y, x + z, y + z)$; [d] $f(x, y, z) = (x + y, x + z, z - y)$.

566. In $\mathbb{R}^3$ la distanza del punto $P = (3, 2, 1)$ dalla retta $r = \{y - z - 5 = 0, x = 3\}$ è:
[a] $1/\sqrt{2}$; [b] $1/2$; [c] $\sqrt{2}$; [d] $2\sqrt{2}$.

567. L'inversa di $A = \begin{pmatrix} 1 & -i \\ i & 1 \end{pmatrix}$ è: [a] A non è invertibile; [b] $\frac{A + A^T}{2}$; [c] A^2; [d] $\frac{1}{2} A^T$.

568. Il polinomio caratteristico di $f(x, y) = (x, x + y)$ è:
[a] $x(x - 2)$; [b] $x^2 - 2$; [c] $(x - 1)^2$; [d] $x^2 - 1$.

569. Se $A = \begin{pmatrix} 1 & -1 \\ -1 & 1 \end{pmatrix}$ e $A' = \begin{pmatrix} 1 & -1 \\ 0 & 0 \end{pmatrix}$, le rette di $\mathbb{R}^2$ definite da $AX = 0$ e $A'X = \begin{pmatrix} 1 \\ 0 \end{pmatrix}$ sono:

$\boxed{a}$ uguali; $\qquad \boxed{b}$ incidenti; $\qquad \boxed{c}$ sghembe; $\qquad \boxed{d}$ parallele.

570. Quale di questi è un sottospazio vettoriale di di $\mathbb{R}^2$?

$\boxed{a}$ $\{x + y = 1\}$; $\qquad \boxed{b}$ $\{x + y^2 = 1\}$; $\qquad \boxed{c}$ $\{x^2 + y^2 = 1\}$; $\qquad \boxed{d}$ nessuno.

571. La dimensione di $\{f \in \hom(\mathbb{C}^3, \mathbb{C}^2) \mid e_1, e_2 - ie_3 \in \ker(f)\}$ è $\boxed{a}$ 1; $\boxed{b}$ 2; $\boxed{c}$ 3; $\boxed{d}$ 4.

572. Le coordinate di $(1, 2, 3)$ rispetto alla base e_3, e_2, e_1 sono:

$\boxed{a}$ $(1, 2, 3)$; $\qquad \boxed{b}$ $(3, 2, 1)$; $\qquad \boxed{c}$ $(-1, -2, 3)$; $\qquad \boxed{d}$ $(-1, -1, 3)$.

573. In $\mathbb{R}^3$ siano $v_1 = (1, 1, 1,), v_2 = (1, 1, 0), v_3 = (1, 0, 1)$ e $w_1 = (1, 0, 1), w_2 = (0, 0, 0), w_3 = (1, 1, 1)$. Una $f \in \text{End}(\mathbb{R}^3)$ tale che $f(v_i) = w_i$ per ogni i:

$\boxed{a}$ non esiste; $\qquad \boxed{b}$ esiste ed è unica; $\qquad \boxed{c}$ esiste ma non è unica; $\qquad \boxed{d}$ nessuna delle altre.

574. La dimensione del ker di $f(x, y, z) = (0, 0, 0)$ è: $\boxed{a}$ 0; $\qquad \boxed{b}$ 1; $\qquad \boxed{c}$ 2; $\qquad \boxed{d}$ 3.

575. In $\mathbb{R}^2$ con la base canonica, la matrice della rotazione di angolo $\dfrac{\pi}{6}$ in senso orario è:

$\boxed{a}$ $\dfrac{1}{2} \begin{pmatrix} \sqrt{3} & -1 \\ 1 & \sqrt{3} \end{pmatrix}$; $\qquad \boxed{b}$ $\dfrac{1}{2} \begin{pmatrix} \sqrt{3} & 1 \\ -1 & \sqrt{3} \end{pmatrix}$; $\qquad \boxed{c}$ $\dfrac{1}{2} \begin{pmatrix} 1 & \sqrt{3} \\ -\sqrt{3} & 1 \end{pmatrix}$; $\qquad \boxed{d}$ $\dfrac{1}{2} \begin{pmatrix} 1 & -\sqrt{3} \\ \sqrt{3} & 1 \end{pmatrix}$.

576. In $\mathbb{R}^3$ siano $v_1 = (1, 2, 3), v_2 = (4, 5, 6), v_2 = (7, 8, 9)$ e $w_1 = (1, 1, 1), w_2 = (2, 2, 2), w_3 = (3, 3, 3)$. Una $f \in \text{End}(\mathbb{R}^3)$ tale che $f(v_i) = w_i$ per ogni i:

$\boxed{a}$ è iniettiva ; $\qquad \boxed{b}$ è suriettiva; $\qquad \boxed{c}$ esiste ed è unica; $\qquad \boxed{d}$ nessuna delle altre.

577. Quale dei seguenti insiemi costituisce una base di $\mathbb{C}_{\leq 2}[x]$ come spazio vettoriale su $\mathbb{C}$?

$\boxed{a}$ $\{x, 1 + x^2, (1+x)^2\}$; $\qquad \boxed{b}$ $\{i, 1, x, x^2\}$; $\qquad \boxed{c}$ $\{1 + x, i - x, x^2\}$; $\qquad \boxed{d}$ $\{1, i, ix, x, ix^2, x^2\}$.

578. La matrice associata al prodotto scalare standard rispetto alla base $(1, 0), (1, -1)$ è:

$\boxed{a}$ $\begin{pmatrix} 2 & 0 \\ 0 & 2 \end{pmatrix}$; $\qquad \boxed{b}$ $\begin{pmatrix} 1 & 1 \\ 1 & 2 \end{pmatrix}$; $\qquad \boxed{c}$ $\begin{pmatrix} \sqrt{2} & 0 \\ 0 & \sqrt{2} \end{pmatrix}$; $\qquad \boxed{d}$ $\begin{pmatrix} 1 & 1 \\ 0 & -1 \end{pmatrix}$.

579. Calcolare l'inversa di $\begin{pmatrix} 1 & 0 & 1 \\ 2 & 0 & 1 \\ 1 & -1 & 0 \end{pmatrix}$.

$\boxed{a}$ $\begin{pmatrix} 0 & 0 & -2 \\ 1 & 0 & -1 \\ -3 & -2 & 3 \end{pmatrix}$; $\qquad \boxed{b}$ $\begin{pmatrix} -1 & 1 & 0 \\ -1 & 1 & -1 \\ 2 & -1 & 0 \end{pmatrix}$; $\qquad \boxed{c}$ $\begin{pmatrix} \frac{3}{2} & 1 & -\frac{3}{2} \\ -\frac{1}{2} & 0 & \frac{1}{2} \\ 1 & 0 & 1 \end{pmatrix}$; $\qquad \boxed{d}$ $\begin{pmatrix} 0 & 0 & 1 \\ 4 & 0 & 2 \\ 1 & 1 & 0 \end{pmatrix}$.

580. Sia $f \in \text{End}(\mathbb{R}^2)$ tale che $f^2 = 0$ e $\dim(\text{Imm}(f)) = 1$. Qual è la forma di Jordan di f

$\boxed{a}$ $\begin{pmatrix} 1 & 1 \\ 0 & 0 \end{pmatrix}$; $\qquad \boxed{b}$ $\begin{pmatrix} 0 & 1 \\ 0 & 0 \end{pmatrix}$; $\qquad \boxed{c}$ $\begin{pmatrix} 0 & 1 & 0 & 0 \\ 0 & 0 & 0 & 0 \end{pmatrix}$; $\qquad \boxed{d}$ una tale f non esiste.

581. Sia f l'affinità di $\mathbb{R}^2$ t.c. $f(0, 0) = (-1, 1)$, $f(1, 0) = (0, 0)$ e $f(1, 1) = (0, 1)$. $f(X)$ è data da:

$\boxed{a}$ $\begin{pmatrix} 0 & 0 \\ 0 & 1 \end{pmatrix} X + \begin{pmatrix} -1 \\ 1 \end{pmatrix}$; $\qquad \boxed{b}$ $\begin{pmatrix} 1 & 0 \\ -1 & 1 \end{pmatrix} X + \begin{pmatrix} -1 \\ 0 \end{pmatrix}$; $\qquad \boxed{c}$ $\begin{pmatrix} 0 & 1 \\ -1 & 0 \end{pmatrix} X - \begin{pmatrix} 1 \\ -1 \end{pmatrix}$; $\qquad \boxed{d}$ $\begin{pmatrix} 1 & 0 \\ -1 & 1 \end{pmatrix} X + \begin{pmatrix} -1 \\ 1 \end{pmatrix}$.

582. Siano dati in $\mathbb{R}_{\leq 2}[x]$ i sottospazi $V = \text{span}\{(x+1)^2\}$ e $W = \text{span}\{3x^2 - 1, x - 2\}$. La dimensione di $V + W$ è: $\qquad \boxed{a}$ 0; $\qquad \boxed{b}$ 1; $\qquad \boxed{c}$ 2; $\qquad \boxed{d}$ 3.

583. $W = \{(x, y, z) \in \mathbb{R}^3 \mid 7x - y + 36z = 0, x - 2y = 0\}$ ha equazioni parametriche: $\boxed{a}$ $x = s, y = s, z = 4s$; $\boxed{b}$ $x = \frac{72}{13}s, y = \frac{-36}{13}s, z = t$; $\boxed{c}$ $x = s, y = z = t$; $\boxed{d}$ $x = \frac{-72}{13}t, y = \frac{-36}{13}t, z = t$.

584. Sia $f : \mathbb{R}^4 \to \mathbb{R}^4$ definita da $f(x, y, z, t) = (y, x, z, z + t)$. La molteplicità geometrica di -1 è:

$\boxed{a}$ 1; $\qquad \boxed{b}$ 2; $\qquad \boxed{c}$ 3; $\qquad \boxed{d}$ 4.

585. Sia $A = \begin{pmatrix} 1 & 0 & 1 \\ 1 & 2 & -1 \\ 2 & 2 & 1 \end{pmatrix}$ e $b = \begin{pmatrix} 1 \\ 2 \\ 3 \end{pmatrix}$. Quante soluzioni ha in $\mathbb{R}^3$ il sistema $AX = b$?

$\boxed{a}$ 0; $\qquad \boxed{b}$ 1; $\qquad \boxed{c}$ 2; $\qquad \boxed{d}$ ∞.

586. Il rango della matrice $A = \begin{pmatrix} 1 & 0 & 1 & 1 \\ 0 & 1 & 2 & 1 \\ 2 & 1 & 4 & 3 \end{pmatrix}$ è: [a] 1; [b] 2; [c] 3; [d] 4.

587. La matrice della forma bilineare su $\mathbb{R}^2$ data da $b((x,y),(x',y')) = xy' + x'y + xx'$, rispetto alla base
$\mathcal{B} = \{(1,1),(0,-1)\}$ è: [a] $\begin{pmatrix} 0 & 3 \\ 2 & 0 \end{pmatrix}$; [b] $\begin{pmatrix} 3 & -1 \\ -1 & 0 \end{pmatrix}$; [c] $\begin{pmatrix} 1 & 1 \\ 3 & 0 \end{pmatrix}$; [d] $\begin{pmatrix} 1 & -1 \\ -1 & 0 \end{pmatrix}$.

588. Siano dati in $\mathbb{R}_{\leq 2}[x]$ i sottospazi $V = \{p \mid p(0) = 0\}$ e $W = \{p \mid p'(0) = 0\}$.
La dimensione di $V \cap W$ è: [a] 0; [b] 1; [c] 2; [d] 3.

589. Quali dei seguenti vettori sono affinemente indipendenti tra loro? [a] $(1,0),(0,0),(0,1)$;
[b] $(1,0),(0,0),(-1,0)$; [c] $(1,0),(0,1),(0,0),(1,1)$; [d] $(2,0),(0,2),(1,1)$.

590. Quale di queste applicazioni non è lineare?
[a] $f(x,y) = x + 2y$; [b] $A \mapsto A^T$; [c] $f(x,y,z) = (2z - x, y - 3x, z - 4x)$; [d] $A \mapsto \det(A)$.

591. Sia $f \in \hom(\mathcal{M}_{2\times 2}(\mathbb{R}), \mathbb{R}^2)$ data da $f(A) = (\text{traccia}(A), \det(A))$. La matrice di f nelle basi
$v_1 = \left(\begin{smallmatrix} 1 & 0 \\ 0 & 1 \end{smallmatrix}\right), v_2 = \left(\begin{smallmatrix} 0 & 1 \\ 1 & 0 \end{smallmatrix}\right), v_3 = \left(\begin{smallmatrix} 1 & 0 \\ 0 & 0 \end{smallmatrix}\right), v_4 = \left(\begin{smallmatrix} 0 & 1 \\ 0 & 0 \end{smallmatrix}\right)$ di $\mathcal{M}_{2\times 2}(\mathbb{R})$ e $w_1 = (1,1), w_2 = (0,-1)$ di $\mathbb{R}^2$ è:
[a] $\begin{pmatrix} 2 & 0 & 1 & 0 \\ 1 & 1 & 1 & 0 \end{pmatrix}$; [b] $\begin{pmatrix} 2 & 0 & 1 & 0 \\ -1 & 1 & 0 & 0 \end{pmatrix}$; [c] $\begin{pmatrix} 2 & 0 & 1 & 0 \\ 1 & -1 & 0 & 0 \end{pmatrix}$; [d] $f \notin \hom(\mathcal{M}_{2\times 2}(\mathbb{R}), \mathbb{R}^2)$.

592. Le coordinate di $(0,-1,0)$ rispetto alla base $\{(0,0,1),(-1,1,0),(1,0,1)\}$ di $(\mathbb{Z}/2\mathbb{Z})^3$ sono:
[a] $(1,-1,0)$; [b] $(1,1,1)$; [c] $(0,1,0)$; [d] $(0,1,0)$.

593. Quali dei seguenti insiemi genera $\mathbb{R}_{\leq 2}[x]$?
[a] $0, 1, x, x^2$; [b] $1 + x^2, x$; [c] $1 + x, 1 + x^2$; [d] $x(1+x), 1+x, (x-1)(x+1)$.

594. Gli autovalori della derivata seconda, come endomorfismo di $\mathbb{R}_{\leq 2}[x]$ sono
[a] 0; [b] $1, -1$; [c] $1, -1, 0$; [d] 2.

595. La matrice associata a $f(x,y) = (x, x - y)$ rispetto alla base $(1,1),(0,1)$ è:
[a] $\begin{pmatrix} 2 & 0 \\ 1 & -1 \end{pmatrix}$; [b] $\begin{pmatrix} 1 & 0 \\ -1 & -1 \end{pmatrix}$; [c] $\begin{pmatrix} 0 & 1 \\ 2 & 1 \end{pmatrix}$; [d] nessuna delle precedenti.

596. Siano $V = \{(x,y,z,t) \in \mathbb{R}^4 \mid z = 0, y = 2x + t\}$, e $W = \text{span}\{(0,1,0,1),(1,2,2,1)\}$.
$\dim(V + W)$ è uguale a: [a] 1; [b] 2; [c] 3; [d] 4.

597. Le coordinate di $(1,1,0)$ rispetto alla base di $\mathbb{C}^3$ formata da $e_3, ie_2, -e_1$, sono:
[a] $(0,-i,-1)$; [b] $(0,i,1)$; [c] $(1,1,0)$; [d] $(1,-i,0)$.

598. In $\mathbb{R}^3$ le rette $r(t) = (t-1, 2t+1, 2t+2)$ e $s: x - 2y + z + 2 = 0, z = x - y$ sono tra loro:
[a] incidenti; [b] sghembe; [c] parallele; [d] coincidenti.

599. Il rango di $\begin{pmatrix} 1 & 0 & 1 & 0 & 1 \\ 1 & 1 & 1 & 0 & 2 \\ 2 & -1 & 2 & -1 & 0 \end{pmatrix}$ è: [a] 0; [b] 1; [c] 2; [d] 3.

600. In $\mathbb{R}^2$ con la base canonica, la riflessione rispetto alla retta $x = 1$ si scrive come $f(X) = $
[a] $\begin{pmatrix} -1 & 0 \\ 0 & 1 \end{pmatrix} X$; [b] $\begin{pmatrix} 1 & 0 \\ 0 & -1 \end{pmatrix} X$; [c] $\begin{pmatrix} -1 & 0 \\ 0 & 1 \end{pmatrix} X + \begin{pmatrix} 2 \\ 0 \end{pmatrix}$; [d] $\begin{pmatrix} 1 & 0 \\ 0 & -1 \end{pmatrix} X + \begin{pmatrix} 0 \\ 2 \end{pmatrix}$.

601. Quale di queste è una base di $\{p \in \mathbb{C}_{\leq 2}[x] \mid p(0) = 0\}$?
[a] $1, x+1, x^2 + x + i$; [b] $(x+1)^2, ix, x^2 + ix + 1$; [c] $x - 3x^2, x^2$; [d] $x^2 - x, 2x - 2x^2$.

602. Sia $A \in \mathcal{M}_{4\times 4}(\mathbb{C})$ non diagonalizzabile con autovalori $0, 1, -1$. Se 0 ha molteplicità algebrica 2 allora:
[a] $\dim(\ker A) = 1$; [b] $\dim(\ker A) = 2$; [c] $\text{rango}(A) > 3$ [d] $\text{rango}(A) \leq 2$.

603. In $\mathbb{R}_{\leq 3}[x]$, le coordinate di $1 + x^3$ rispetto alla base $\{x^2 + x, x - 1, x^3, x^2\}$ sono:
[a] $(1,1,1,1)$; [b] $(1,0,2,1)$; [c] $(1,-1,1,-1)$; [d] $(2,1,-1,1)$.

604. La dimensione di $\{f \in \hom(\mathbb{R}^3, \mathbb{R}^3) \mid e_1 + e_2 \in \ker(f)\}$ è: [a] 2; [b] 4; [c] 6; [d] 9.

605. In $\mathbb{R}_{\leq 5}[x]$ distanza tra x e 1 rispetto al prodotto scalare $\langle p, q \rangle = \int_0^1 p(x)q(x)dx$ è:
[a] $1/\sqrt{5}$; [b] $1/\sqrt{4}$; [c] $1/\sqrt{3}$; [d] $1/2$.

606. La matrice associata alla forma bilineare $b((x_1, y_1), (x_2, y_2)) = x_1(y_2 - x_2) + x_2 y_1$ in base canonica è:
[a] $\begin{pmatrix} 1 & 0 \\ 0 & 1 \end{pmatrix}$; [b] $\begin{pmatrix} -1 & 1 \\ 1 & 0 \end{pmatrix}$; [c] $\begin{pmatrix} 1 & 1 \\ 0 & 0 \end{pmatrix}$; [d] b non è una forma bilineare.

607. In $\mathbb{R}^3$ le rette $r(t) = (t, t-1, t+1)$ ed $s = \{x - y = 0, z = 1\}$ sono tra loro
[a] sghembe ; [b] incidenti; [c] parallele; [d] coincidenti.

608. La dimensione del ker di $f(x, y, z) = (x, 0, x)$ è: [a] 0; [b] 1; [c] 2; [d] 3.

609. L'intersezione tra $\{(x, y, z, t) \in \mathbb{R}^4 \mid x + 2y - z + 1 = 0\}$ e span$\{(1, 2, 3, 1), (0, 1, -1, 1)\}$ è:
[a] vuota; [b] un punto; [c] una retta; [d] un piano.

610. La segnatura (n_0, n_+, n_-) di $\begin{pmatrix} 1 & 2 \\ 2 & 1 \end{pmatrix}$ è: [a] $(1, 1, 1)$; [b] $(0, 1, 2)$; [c] $(1, 1, 0)$; [d] $(0, 1, 1)$.

611. Le coordinate di $(1, 2, 3)$ rispetto alla base $e_1, e_1 + e_2, e_1 + e_2 + e_3$ sono:
[a] $(1, 2, 3)$; [b] $(1, 1, 1)$; [c] $(-1, -2, 3)$; [d] $(-1, -1, 3)$.

612. Quali delle sequenti matrici è diagonalizzabile su $\mathbb{R}$?
[a] $\begin{pmatrix} 0 & 1 \\ 1 & 0 \end{pmatrix}$; [b] $\begin{pmatrix} 0 & 1 \\ 0 & 0 \end{pmatrix}$; [c] $\begin{pmatrix} 0 & 1 \\ -1 & 0 \end{pmatrix}$; [d] $\begin{pmatrix} 0 & 0 \\ 1 & 0 \end{pmatrix}$.

613. In $\mathbb{R}^2$ la distanza tra $(2, -1)$ e la retta $r = \{x + 2y = 2\}$ è: [a] $\frac{2}{\sqrt{5}}$; [b] $\sqrt{5}$; [c] 0; [d] $\sqrt{\frac{2}{5}}$.

614. Delle equazioni cartesiane per $V = $ span$\{(1, 2, 0), (1, 0, -3)\} \subseteq \mathbb{R}^3$ sono:
[a] $2x + 3y - z = 0$; [b] $3x + 3y + z = 0$; [c] $x + y = 0$; [d] $6x - 3y + 2z = 0$.

615. Sia $f \in \text{End}(\mathbb{R}^3)$ tale che $f^2 = -Id$. Allora:
[a] -1 è un autovalore di f; [b] una tale f non esiste; [c] $\ker f \neq \{0\}$; [d] f è diagonalizzabile.

616. In $\mathbb{R}^3$ siano $v_1 = (1, 2, 3), v_2 = (4, 5, 6), v_3 = (7, 8, 9)$ e $w_1 = (0, 1, 1), w_2 = (1, 0, 1), w_3 = (1, 1, 0)$. Una $f \in \text{End}(\mathbb{R}^3)$ tale che $f(v_i) = w_i$ per ogni i:
[a] non esiste; [b] esiste ed è unica; [c] esiste ma non è unica; [d] nessuna delle altre.

617. Quale di queste applicazioni è lineare?
[a] $f(x, y) = x^2 + y$; [b] $A \mapsto A^T$; [c] $f(x, y, z) = (x, y - 1, z - 4x)$; [d] $A \mapsto A^{-1}$.

618. Quali delle seguenti matrici rappresenta una forma bilineare definita positiva?
[a] $\begin{pmatrix} 1 & 1 \\ 1 & 1 \end{pmatrix}$; [b] $\begin{pmatrix} 1 & 1 \\ 0 & 1 \end{pmatrix}$; [c] $\begin{pmatrix} 1 & 2 \\ 2 & 1 \end{pmatrix}$; [d] $\begin{pmatrix} 6 & -4 \\ 9 & -6 \end{pmatrix}$.

619. Sia $A \in \mathcal{M}_{n \times n}(\mathbb{R})$ simmetrica. Se $A^3 = 0$, allora: [a] Tutte le seguenti condizioni sono verificate;
[b] A ha una colonna di 0; [c] $A = 0$; [d] 0 è un autovalore di A.

620. Quante soluzioni ha $-x + y = 0$ su $(\mathbb{Z}/2\mathbb{Z})^2$? [a] 0; [b] 2; [c] 4; [d] infinite.

621. Se $\{e_1, e_2, e_3\}$ è la base canonica di $\mathbb{R}^3$, quale dei seguenti insiemi di vettori è una base di $\mathbb{R}^3$?
[a] $\{0, e_1, e_2, e_3\}$; [b] $\{e_1 + e_2, e_1 + e_3, e_2 + e_3\}$; [c] $\{e_1, e_2\}$; [d] Nessuna delle precedenti.

622. Quali delle seguenti è una base di $(\mathbb{Z}_2)^3$?
[a] $\begin{pmatrix} 1 \\ 0 \\ 2 \end{pmatrix}, \begin{pmatrix} 1 \\ 0 \\ 0 \end{pmatrix}, \begin{pmatrix} 0 \\ 1 \\ 0 \end{pmatrix}$; [b] $\begin{pmatrix} 1 \\ 0 \\ 0 \end{pmatrix}, \begin{pmatrix} 0 \\ 1 \\ 1 \end{pmatrix}$; [c] $\begin{pmatrix} 0 \\ 1 \\ 1 \end{pmatrix}, \begin{pmatrix} 1 \\ 1 \\ 0 \end{pmatrix}, \begin{pmatrix} 0 \\ 0 \\ 1 \end{pmatrix}$; [d] $\begin{pmatrix} 1 \\ 1 \\ 0 \end{pmatrix}, \begin{pmatrix} 1 \\ 0 \\ 1 \end{pmatrix}, \begin{pmatrix} 0 \\ 1 \\ 1 \end{pmatrix}$.

623. In $\mathbb{R}^3$ la distanza tra il punto $(2, 2, 3)$ e il piano passante per i punti $(1, 0, 0), (0, 1, 0), (0, 0, 2)$ è:
[a] 1; [b] 2; [c] 3; [d] 4.

624. La conica definita dall'equazione $x^2 + 4y^2 + 4xy - 2x - 4y + 1 = 0$ è:
[a] ellisse; [b] iperbole; [c] parabola; [d] una retta.

625. Sia $f \in \text{End}(\mathbb{C}^3)$. Se f è diagonalizzabile, allora: [a] f è invertibile; [b] f^n è diagonalizzabile; [c] tutti gli autovalori di f sono reali; [d] nessuna delle precedenti.

626. Quale delle seguenti matrici di $\mathcal{M}_{3\times 3}(\mathbb{R})$è invertibile?
[a] $\begin{pmatrix} 1 & 2 & 3 \\ -1 & 0 & 1 \\ 4 & 4 & 4 \end{pmatrix}$; [b] $\begin{pmatrix} 1 & 2 & 2 \\ 2 & 0 & 2 \\ 3 & -2 & 2 \end{pmatrix}$; [c] $\begin{pmatrix} 1 & 2 & 3 \\ 1 & 0 & 1 \\ 4 & 4 & 4 \end{pmatrix}$; [d] $\begin{pmatrix} 1 & 1 & 0 \\ 2 & 0 & 2 \\ 3 & -1 & 4 \end{pmatrix}$.

627. Siano dati in $\mathbb{R}^3$ i sottospazi $V = \text{span}\{e_1 + e_3, 2e_1 - e_2\}$ e $W = \{(x, y, z) \in \mathbb{R}^3 \mid x - y + z = 0\}$. La dimensione di $V \cap W$ è: [a] infinita ; [b] 2; [c] 1; [d] 0.

628. La matrice, in base canonica, della forma bilineare $b((x_1, x_2), (y_1, y_2)) = x_1 y_1 + x_1 y_2 - 2x_2 y_2$ è:
[a] $\begin{pmatrix} 1 & 1 \\ 0 & 2 \end{pmatrix}$; [b] $\begin{pmatrix} 1 & 1 \\ 0 & -2 \end{pmatrix}$; [c] $\begin{pmatrix} 1 & -2 \\ 0 & 1 \end{pmatrix}$; [d] $\begin{pmatrix} -2 & 0 \\ 1 & 1 \end{pmatrix}$.

629. Quale tra questi endormorfismi di $\mathbb{C}^2$ è triangolabile? [a] $f(x, y) = (ix - 4y, 3x - 7y)$; [b] $f(x, y) = (ix - (2 + i)y, 2ix)$; [c] nessuno; [d] entrambi.

630. Per quali valori di t al matrice $\begin{pmatrix} t+1 & 2 & t \\ 2 & -t-5 & 1 \\ t & 1 & 1 \end{pmatrix}$ rappresenta un prodotto scalare?

[a] $-1 < t < 1$; [b] $t > 1$; [c] $t < -1$; [d] per nessun valore di t.

631. Il rango della matrice $A = \begin{pmatrix} 1 & 0 & 1 & 1 \\ 0 & 1 & 2 & 1 \\ 2 & 1 & 1 & 3 \end{pmatrix}$ è: [a] 1; [b] 2; [c] 3; [d] 4.

632. Un sistema lineare di 3 equazioni in 5 incognite: [a] non ha soluzione ; [b] ha sempre almeno una soluzione; [c] ha soluzione solo in certi casi; [d] ha sempre una soluzione unica.

633. In $\mathbb{R}^3$ la distanza tra $(2, 3, 4)$ ed il piano passante per i punti $(1, 0, 0), (0, 1, 0), (0, 0, 2)$ è: [a] 1; [b] 2; [c] 3; [d] 4.

634. Quali dei seguenti punti di $\mathbb{R}^2$ sono affinemente independenti tra loro?
[a] $\begin{pmatrix} 1 \\ 0 \end{pmatrix}, \begin{pmatrix} 1 \\ 0 \end{pmatrix}, \begin{pmatrix} 0 \\ 1 \end{pmatrix}$; [b] $\begin{pmatrix} 1 \\ 0 \end{pmatrix}, \begin{pmatrix} 0 \\ 1 \end{pmatrix}, \begin{pmatrix} -1 \\ 2 \end{pmatrix}$; [c] $\begin{pmatrix} 0 \\ 1 \end{pmatrix}, \begin{pmatrix} 1 \\ 1 \end{pmatrix}, \begin{pmatrix} 0 \\ 0 \end{pmatrix}$; [d] $\begin{pmatrix} 1 \\ -1 \end{pmatrix}, \begin{pmatrix} 2 \\ 0 \end{pmatrix}, \begin{pmatrix} 0 \\ -2 \end{pmatrix}$.

635. Il rango di $\begin{pmatrix} 1 & 0 & 1 & 0 \\ 1 & 1 & 1 & 0 \\ 2 & -1 & 2 & -1 \end{pmatrix}$ è: [a] 1; [b] 2; [c] 3; [d] 4.

636. Su $\mathbb{R}_{\leq 1}[x]$ con base $1, x$, la matrice associata al prodotto scalare $\langle p, q \rangle = \frac{1}{9} \int_0^3 p(x) q(x) dx$ è:
[a] $\begin{pmatrix} 6 & 3 \\ 3 & 2 \end{pmatrix}$; [b] $\begin{pmatrix} 2 & 2 \\ 2 & 8/3 \end{pmatrix}$; [c] $\begin{pmatrix} 1/3 & 1/2 \\ 1/2 & 1 \end{pmatrix}$; [d] $\begin{pmatrix} 12 & 24 \\ 24 & 64 \end{pmatrix}$.

637. Il rango di $\begin{pmatrix} 1 & 1 & 1 \\ 1 & 1 & 1 \\ 2 & -1 & 2 \end{pmatrix}$ è: [a] 1; [b] 2; [c] 3; [d] 4.

638. In $\mathbb{R}^4$ le coordinate di $(1, 2, 3, 4)$ nella base $v_1 = (1, 1, 1, 1)$, $v_2 = -(0, 1, 1, 1)$, $v_3 = (0, 0, 1, 1)$, $v_4 = (0, 0, 0, -1)$ sono: [a] $(1, -1, 1, -1)$; [b] $(1, -2, 3, -4)$; [c] $(1, 2, 3, 4)$; [d] Nessuna delle altre.

639. Sia $A \in \mathcal{M}_{4\times 4}(\mathbb{C})$ diagonalizzabile con autovalori $0, 1, -1$. Se $m_a(0) = 2$ ha allora: [a] $\text{rango}(A) = 2$; [b] $\dim(\ker A) = 1$; [c] $\dim(\ker A) < 2$; [d] $\text{rango}(A) \geq 3$.

640. La matrice associata a $f(x, y) = (x, x + y)$ rispetto alla base $(1, -1), (1, 0)$ è:
[a] $\begin{pmatrix} 2 & 0 \\ 1 & -1 \end{pmatrix}$; [b] $\begin{pmatrix} 0 & -1 \\ 1 & 2 \end{pmatrix}$; [c] $\begin{pmatrix} -2 & -1 \\ 3 & 2 \end{pmatrix}$; [d] $\begin{pmatrix} -2 & 1 \\ 2 & -1 \end{pmatrix}$

641. Sia $f \in \text{hom}(\mathbb{R}_{\leq 3}[x], \mathbb{R}_{\leq 2}[x])$ la derivata. La matrice di f nelle basi $1, x, x^2, x^3$ e $x^2, 1 + x, x$ è:
[a] $\begin{pmatrix} 0 & 0 & 0 & 3 \\ 0 & 1 & 0 & 0 \\ 0 & -1 & 2 & 0 \end{pmatrix}$; [b] $\begin{pmatrix} 0 & 0 & 3 \\ 1 & 0 & 0 \\ -1 & 2 & 0 \end{pmatrix}$; [c] $\begin{pmatrix} 0 & 1 & 0 & 0 \\ 0 & 0 & 2 & 0 \\ 0 & 0 & 0 & 3 \end{pmatrix}$; [d] $\begin{pmatrix} 0 & 1 & 1 \\ 2 & 0 & 0 \end{pmatrix}$.

642. Se $d(v,w)$ è la distanza indotta da un prodotto scalare $\langle \cdot, \cdot \rangle$ su V allora:
$\boxed{a}$ $d(v,w) = \langle v-w, v-w \rangle$; $\boxed{b}$ $d(v,w) + d(w,u) = d(v,u)$; $\boxed{c}$ $d(v,w) \geq 0$; $\boxed{d}$ $d(v,-v) = 0$.

643. La dimensione di $\text{End}(\mathbb{R})$ è: $\boxed{a}$ 0; $\boxed{b}$ 1; $\boxed{c}$ 2; $\boxed{d}$ $\text{End}(\mathbb{R})$ non è definito.

644. L'equazione della retta parallela a $r(t) = (t, t+1, 2t-3)$ e passante per $(-1, 1, 3)$ è:
$\boxed{a}$ $y = x+2, 2x+5 = z$; $\boxed{b}$ $y = -x, z+2x = 1$; $\boxed{c}$ $(t, t-2, 2t+5)$; $\boxed{d}$ $(-t, t, 2t+1)$.

645. Quanti autovalori semplici ha $f(x,y,z) = (x - y + 7z, 4x - 3y - 6z, 3z)$?
$\boxed{a}$ 0; $\boxed{b}$ 1; $\boxed{c}$ 2; $\boxed{d}$ 3.

646. Le coordinate di $(1, i, 0)$ rispetto alla base di $\mathbb{C}^3$ formata da $e_1 + ie_2$, ie_2, $e_3 - e_1$, sono:
$\boxed{a}$ $(1, i, 0)$; $\boxed{b}$ $(1, 0, 0)$; $\boxed{c}$ $(1, 1, 0)$; $\boxed{d}$ $(i, 1, 0)$.

647. La matrice associata al prodotto scalare standard rispetto alla base $(1, -1), (1, 0)$ è:
$\boxed{a}$ $\begin{pmatrix} 2 & 0 \\ 0 & 2 \end{pmatrix}$; $\boxed{b}$ $\begin{pmatrix} 1 & 0 \\ 0 & 1 \end{pmatrix}$; $\boxed{c}$ $\begin{pmatrix} 2 & 1 \\ 1 & 1 \end{pmatrix}$; $\boxed{d}$ $\begin{pmatrix} 1 & 1 \\ 1 & -1 \end{pmatrix}$.

648. Le coordinate di $\begin{pmatrix} 1 & 0 \\ 0 & 1 \end{pmatrix}$ rispetto alla base $\begin{pmatrix} i & 0 \\ 0 & 0 \end{pmatrix}, \begin{pmatrix} i & i \\ 0 & 0 \end{pmatrix}, \begin{pmatrix} i & i \\ i & 0 \end{pmatrix}, \begin{pmatrix} i & i \\ i & i \end{pmatrix}$ di $\mathcal{M}_{2\times 2}(\mathbb{C})$
sono: $\boxed{a}$ $(-i, 0, i, -i)$; $\boxed{b}$ $(i, 0, -i, i)$; $\boxed{c}$ $(0, 0, 1, 1)$; $\boxed{d}$ nessuna delle altre.

649. Quale di questi è un sottospazio vettoriale di $\mathbb{R}^2$? $\boxed{a}$ $\{(x,y) \mid \cos(x+y) = 0\}$;
$\boxed{b}$ $\{(x,y) \mid (x+y)^2 = 0\}$; $\boxed{c}$ $\{(x,y) \mid 11x^2 - 79y = 0\}$; $\boxed{d}$ $\{(x,y) \mid 11x - 79y = 1\}$.

650. Il piano affine di $\mathbb{R}^3$ ortogonale a $(1,2,3)$ e passante $(1,2,3)$ è: $\boxed{a}$ $(x-1) + 2(y-2) + 3(z-3) = 0$;
$\boxed{b}$ $(x-1) + (y-2) + (z-3) = 0$; $\boxed{c}$ $x + 2y + 3z = 6$; $\boxed{d}$ un tale piano non esiste.

651. Quale matrice è simile a $\begin{pmatrix} 1 & 1 \\ 1 & 1 \end{pmatrix}$? $\boxed{a}$ $\begin{pmatrix} 2 & 0 \\ 0 & 4 \end{pmatrix}$; $\boxed{b}$ $\begin{pmatrix} 0 & 2 \\ 1 & 0 \end{pmatrix}$; $\boxed{c}$ $\begin{pmatrix} 2 & 2 \\ 0 & 0 \end{pmatrix}$; $\boxed{d}$ $\begin{pmatrix} 1 & 1 \\ 0 & 2 \end{pmatrix}$.

652. Quante soluzioni ha in $\mathbb{R}^3$ il sistema $AX=0$ con $A = \begin{pmatrix} 1 & 0 & 1 \\ 2 & 0 & 2 \end{pmatrix}$? $\boxed{a}$ 0; $\boxed{b}$ 1; $\boxed{c}$ ∞; $\boxed{d}$ 2.

653. in $\mathbb{R}^4$ la dimensione dello spazio delle soluzioni di $Ax = 0$ con $A = \begin{pmatrix} 1 & 2 & 3 & 4 \\ 5 & 6 & 7 & 8 \end{pmatrix}$ è:
$\boxed{a}$ 1; $\boxed{b}$ 2; $\boxed{c}$ 3; $\boxed{d}$ 4.

654. Siano dati in $\mathbb{R}^3$ i sottospazi $W = \{(x,y,z) \in \mathbb{R}^3 \mid x - 2y = 0, x - y + z = 0\}$ e $V = \text{span}\{e_1 + e_2, 2e_1 - e_3\}$.
La dimensione di $V \cap W$ è: $\boxed{a}$ infinita ; $\boxed{b}$ 2; $\boxed{c}$ 1; $\boxed{d}$ 0.

655. Se $f \in \text{End}(\mathbb{R}^5)$ con $\ker(f) \subseteq \text{span}\{(1,-1,0,0,1), (2,0,1,0,0), (0,-2,1,0,-2), (3,-1,1,0,1)\}$.
$\boxed{a}$ $\dim(\text{Imm}\, f) \geq 2$; $\boxed{b}$ $\dim(\text{Imm}\, f) = 1$; $\boxed{c}$ $\dim(\text{Imm}\, f) \leq 3$; $\boxed{d}$ $\dim(\text{Imm}\, f) = 2$.

656. Il rango della matrice $A = \begin{pmatrix} 1 & 0 & 1 & 2 \\ 0 & 1 & 2 & 2 \\ -1 & 2 & 3 & 2 \end{pmatrix}$ è: $\boxed{a}$ 1; $\boxed{b}$ 2; $\boxed{c}$ 3; $\boxed{d}$ 4.

657. La segnatura (n_0, n_+, n_-) della forma $b(x,y) = x_1 y_1 + 2x_2 y_2 + x_3 y_3 + 3x_1 y_3 + 3x_3 y_1$ su $\mathbb{R}^3$ è:
$\boxed{a}$ $(2,1,0)$; $\boxed{b}$ $(0,2,1)$; $\boxed{c}$ $(1,1,1)$; $\boxed{d}$ $(1,2,0)$.

658. Quale dei seguenti non è uno spazio vettoriale? $\boxed{a}$ $\{p \in \mathbb{R}[x] : p'(1) = 0\}$;
$\boxed{b}$ $\{p \in \mathbb{R}[x] : p(x) = p(x+1)\}$; $\boxed{c}$ $\{p \in \mathbb{R}[x] : p(1) = 1\}$; $\boxed{d}$ $\{p \in \mathbb{R}[x] : p(x) = p(-x)\}$.

659. Quale delle seguenti matrici è ortogonale?
$\boxed{a}$ $\begin{pmatrix} 1 & 1 & 0 \\ 1 & 0 & 1 \\ 0 & 1 & 1 \end{pmatrix}$; $\boxed{b}$ $\begin{pmatrix} 1 & 1 & 1 \\ 0 & 1 & 1 \\ 0 & 0 & 1 \end{pmatrix}$; $\boxed{c}$ $\begin{pmatrix} 0 & 0 & 1 \\ 0 & 1 & 0 \\ 1 & 0 & 0 \end{pmatrix}$; $\boxed{d}$ $\begin{pmatrix} 1 & 0 & 0 \\ 0 & 2 & 0 \\ 0 & 0 & 3 \end{pmatrix}$.

660. Sia $X = \{x + 2y = 0, y - 4z + 1 = 0\} \subseteq \mathbb{R}^3$; $\text{span}(X)$ ha dimensione: $\boxed{a}$ 0; $\boxed{b}$ 1; $\boxed{c}$ 2; $\boxed{d}$ 3.

661. La matrice associata a $f(x,y) = (2x, y)$ rispetto alla base $(0, -1), (2, 1)$ è:
$\boxed{a}$ $\begin{pmatrix} 1 & 1 \\ 0 & 2 \end{pmatrix}$; $\boxed{b}$ $\begin{pmatrix} 0 & 4 \\ -1 & 1 \end{pmatrix}$; $\boxed{c}$ $\begin{pmatrix} 2 & 0 \\ 0 & 1 \end{pmatrix}$; $\boxed{d}$ $\begin{pmatrix} 0 & -1 \\ -1 & 2 \end{pmatrix}$.

662. Se $f \in \hom(W, V)$ con V, W di dimensione finita e $\dim(V) > \dim(W)$, allora:
[a] f non è iniettiva;   [b] f non è suriettiva;   [c] $\ker(f) = \{0\}$;   [d] nessuna delle precedenti.

663. La dimensione del ker di $f(x, y, z) = (x, x - y, x)$ è: [a] 0;   [b] 1;   [c] 2;   [d] 3.

664. La matrice della riflessione di $\mathbb{R}^3$ rispetto al piano XY, nella base $\{(1,1,1), (0,0,1), (0,1,-2)\}$ è:

[a] $\begin{pmatrix} 1 & 0 & 0 \\ -2 & -1 & 4 \\ 0 & 0 & 1 \end{pmatrix}$;   [b] $\begin{pmatrix} 1 & 0 & 0 \\ -2 & 0 & -4 \\ 0 & -1 & 1 \end{pmatrix}$;   [c] $\begin{pmatrix} 1 & 0 & 0 \\ -2 & 0 & 4 \\ 0 & 1 & 1 \end{pmatrix}$;   [d] $\begin{pmatrix} 1 & 0 & 0 \\ -2 & 0 & 4 \\ 0 & -1 & -1 \end{pmatrix}$.

665. Quali dei seguenti elementi di $\mathbb{R}_{\leq 3}[x]$ sono linearmente indipendenti tra loro?
[a] $1, 1 + x, 1 - x$;   [b] $x^2, (x+1)^2, 1 + x, 2$;   [c] $x, (1+x)^3$;   [d] $0, 1, x, x^2, x^3$.

666. Quale di questi è un sottospazio vettoriale di $\mathcal{M}_{n \times n}(\mathbb{R})$?
[a] $\{A \mid A = A^T\}$;   [b] $\{A \mid det(A) \neq 0\}$;   [c] $\{A \mid det(A) = 0\}$;   [d] nessuno.

667. La matrice della forma bilineare su $\mathbb{R}_{\leq 2}[x]$, definita da $b(p, q) = p'(0)q(0) + p(0)q(0) + p(0)q'(0)$, rispetto alla base $v_1 = 1 + x^2, v_2 = 1 - x - x^2, v_3 = x + 2$ è:

[a] $\begin{pmatrix} 1 & 0 & 3 \\ 0 & -1 & 1 \\ 3 & 1 & 8 \end{pmatrix}$;   [b] $\begin{pmatrix} 1 & 0 & 3 \\ 0 & -1 & 2 \\ 3 & 2 & 8 \end{pmatrix}$;   [c] $\begin{pmatrix} 1 & 0 & 3 \\ 0 & -1 & 1 \\ 3 & 1 & 6 \end{pmatrix}$;   [d] $\begin{pmatrix} 1 & 0 & 3 \\ 0 & 1 & 1 \\ 3 & 1 & 8 \end{pmatrix}$.

668. L'equazione del piano affine passante per $(1,0,0), (1,1,1)$ e $(2,1,1)$ è:
[a] $x + y = 0$;   [b] $x - y - z = 0$;   [c] $x = 1$;   [d] $y - z = 0$.

669. Il rango della matrice $A = \begin{pmatrix} 1 & 0 & 1 \\ 0 & 1 & 2 \\ 2 & 1 & 1 \\ 1 & 1 & 3 \end{pmatrix}$ è: [a] 1;   [b] 2;   [c] 3;   [d] 4.

670. Quanti blocchi ha la forma di jordan di $f(x, y, z) = (x + y, x + 2y, z)$?
[a] 1;   [b] 2;   [c] 3;   [d] 4.

671. Le coordinate di $ix^2 + (1 - 2i)x + 2i$ rispetto alla base $\{x^2 + 1, -x, ix - 1\}$ di $\mathbb{C}_{\leq 2}[x]$ sono:
[a] $(i, 2i, -i)$;   [b] $(i, -2i, i)$;   [c] $(i, 2i, i)$;   [d] $(i, -2i, -i)$.

672. Qual è una base di $\mathbb{C}_{\leq 3}[x]$ come spazio vettoriale su $\mathbb{C}$?   [a] $\{1 + x, 1 - x, x^2, x^3 - 1\}$;
[b] $\{i, 1, x, x^2, x^3\}$;   [c] $\{1, x, 1 - x^3, (1+x)^2, x + x^2\}$;   [d] $\{1 + x^2, 1 + x + x^2, x, x^3\}$.

673. Quanti blocchi ha la forma di Jordan di $\begin{pmatrix} 1 & 1 & 0 \\ 0 & 3 & 1 \\ 0 & 0 & 3 \end{pmatrix}$? [a] 1;   [b] 2;   [c] 3;   [d] 4.

674. Sia $A - \begin{pmatrix} 1 & 1 \\ 0 & 1 \end{pmatrix}$. Per quale polinomio si ha $p(A) = 0$?   [a] $p(x) = (x-1)^2$;
[b] $p(x) = x - 1$;   [c] $p(x) = (x-1)(x-2)$;   [d] nessuno dei precedenti.

675. Quale può essere un blocco di Jordan nella forma di Jordan di un $f \in \mathrm{End}(\mathbb{R}^3)$ tale che $f^3 = 0$?
[a] $\begin{pmatrix} 0 & 1 \\ 0 & 0 \end{pmatrix}$;   [b] $\begin{pmatrix} 1 & 1 \\ 0 & 1 \end{pmatrix}$;   [c] $\begin{pmatrix} 1 & 0 \\ 0 & 1 \end{pmatrix}$;   [d] Nessuno dei precedenti .

676. Quale delle seguenti matrici non rappresenta un prodotto scalare?
[a] $\begin{pmatrix} 2 & 1 \\ 1 & 2 \end{pmatrix}$;   [b] $\begin{pmatrix} 3 & 2 \\ 1 & 3 \end{pmatrix}$;   [c] $\begin{pmatrix} 3 & -2 \\ -2 & 3 \end{pmatrix}$;   [d] $\begin{pmatrix} 1 & -1 \\ -1 & 2 \end{pmatrix}$.

677. Una base dello spazio delle soluzioni del sistema $AX = 0$ con $A = \begin{pmatrix} 1 & 0 & 0 \\ 1 & 0 & 0 \end{pmatrix}$ è:

[a] $(1,0,0)$;   [b] $(0,1,0)$;   [c] $(0,0,1)$;   [d] Nessuna delle altre.

678. La conica di equazione $x^2 + y^2 = 9$ è una:
[a] ellisse ;   [b] coppia di rette incidenti;   [c] iperbole ;   [d] coppia di rette parallele.

679. In $\mathbb{R}^3$ siano $v_1 = (1, -1, 1), v_2 = (2, 1, 0), v_3 = (3, 3, -1)$ e $w_1 = (1, 1, 1), w_2 = (2, 1, 0), w_3 = (3, 3, -1)$. Una $f \in \text{End}(\mathbb{R}^3)$ tale che $f(v_i) = w_i$ per ogni i:

a non esiste;   b esiste ed è unica;   c esiste ma non è unica;   d nessuna delle altre.

680. In $\mathbb{R}^3$ la distanza di $(4, 0, -1)$ dalla retta $r = \{4x - y + 1 = 0, z + 1 = 0\}$ è:

a $3\sqrt{7}$;   b $7\sqrt{3}$;   c $\sqrt{17}$;   d $3\sqrt{7}/7$.

681. La dimensione di $V = \{f \in \text{End}(\mathbb{R}^3) \mid f(e_1) = f(e_2), \text{Imm } f \supset \text{span}\{e_3, e_1 + e_2\}\}$ è:

a 3;   b 5;   c 6;   d V non è un sottospazio di $\text{End}(\mathbb{R}^3)$.

682. Quante soluzioni ha il sistema $\begin{cases} x - y - z = 0 \\ x + 3iz = i \end{cases}$ su $\mathbb{C}$? a ∞;   b 4;   c 2;   d 0.

683. In $\mathbb{R}_{\leq 2}[x]$ siano $V = \text{span}\{p \mid p(0) = 0\}$ e $W = \{p \mid p'(0) = 0\}$. La dimensione di $V + W$ è:

a 0;   b 1;   c 2;   d 3.

684. Per quali dei seguenti valori di x la matrice $\begin{pmatrix} 0 & -4 \\ x & 2x \end{pmatrix}$ risulta triangolabile su $\mathbb{R}$?

a 1;   b 2;   c 3;   d 4.

685. Qual è la dimensione massima dei blocchi di Jordan nella forma canonica di
$f(x, y, z, t) = (x - y + z, x - y + z, x - y + z, t)$?   a 4;   b 3;   c 2;   d 1.

686. Sia V uno spazio vettoriale. Dei vettori $v_1, \ldots, v_n \in V$ sono una base di V se e solo se:

a $\dim(V) = n$;   b generano V;   c sono lin. ind. e $\dim(V) = n$;   d nessuna delle precedenti.

687. In $\mathbb{R}^3$, la distanza del punto $P = (1, 2, 3)$ dalla retta r di equazioni $2x + y - 5 = 0, z = 3$ è:

a $-1/\sqrt{5}$;   b $1/5$;   c $1/\sqrt{5}$;   d $2/\sqrt{5}$.

688. Il rango di $\begin{pmatrix} 1 & 1 & 1 & 1 & 1 \\ 2 & 2 & 2 & 2 & 2 \\ 3 & 3 & 3 & 3 & 3 \end{pmatrix}$ è: a 0;   b 1;   c 2 ;   d 3.

689. Quale operatore di $\mathbb{R}^3$ non è autoaggiunto rispetto al prodotto scalare standard? $f(x, y, z) =$

a (z, y, x);   b $(x + y + z, x + y + z, x + y + z)$;   c (x, y, z);   d $(x + z, y + z, z)$.

690. La forma di Jordan di $f(x, y) = (6x - 4y, -4x + 6y)$ è:

a $\begin{pmatrix} 2 & 0 \\ 0 & 10 \end{pmatrix}$;   b $\begin{pmatrix} 0 & 1 \\ 0 & 0 \end{pmatrix}$;   c $\begin{pmatrix} 1 & 0 \\ 0 & 0 \end{pmatrix}$;   d nessuna delle precedenti.

691. La matrice della forma bilineare du $\mathbb{R}^2$ data da $b((x, y), (x', y')) = xy' + x'y + yy'$ rispetto alla base $\mathcal{B} = \{(1, 1), (0, -1)\}$ è: a $\begin{pmatrix} 0 & 3 \\ 2 & 1 \end{pmatrix}$;   b $\begin{pmatrix} 3 & -2 \\ -2 & 1 \end{pmatrix}$;   c $\begin{pmatrix} 1 & 3 \\ 3 & 2 \end{pmatrix}$;   d $\begin{pmatrix} 1 & -1 \\ -1 & 0 \end{pmatrix}$.

692. Un sottoinsieme W di $\mathbb{R}^n$ è un sottospazio se: a Contiene lo zero;   b $\{v \in \mathbb{R}^n : v \notin W\}$ è un sottospazio;   c Esiste $f \in \text{End}(\mathbb{R}^n)$ t.c. $W = \ker(f)$;   d Nessuna delle precedenti.

693. Quali sono equazioni cartesiane per $V = \text{span}\{(i, -i, 0), (0, 1, 0)\} \subseteq \mathbb{C}^3$?

a $z = 0$;   b $z = i$;   c $x + y = 0$;   d nessuna delle precedenti.

694. Le coordinate di $\begin{pmatrix} \pi^2 & 0 \\ \pi & 0 \end{pmatrix}$ rispetto alla base $\begin{pmatrix} \pi & 0 \\ 0 & 0 \end{pmatrix}, \begin{pmatrix} 0 & 1 \\ 0 & 0 \end{pmatrix}, \begin{pmatrix} 0 & 0 \\ 1 & 0 \end{pmatrix}, \begin{pmatrix} 0 & 1 \\ 0 & \pi \end{pmatrix}$ di $\mathcal{M}_{2 \times 2}(\mathbb{R})$

sono: a $(\pi, 0, \pi, 0)$;   b $(0, \pi, 0, \pi)$;   c $(\pi^2, 0, \pi, 0)$;   d nessuna delle altre.

695. La conica di equazione $x^2 + 2x = 1$ è:

a un'ellisse;   b una parabola;   c due rette parallele;   d nessuno dei precedenti.

696. La matrice associata a $f(x, y) = (x, x - y)$ rispetto alla base $(1, -1), (1, 0)$ è:

a $\begin{pmatrix} 2 & 0 \\ 1 & -1 \end{pmatrix}$;   b $\begin{pmatrix} 1 & 1 \\ 0 & -1 \end{pmatrix}$;   c $\begin{pmatrix} -2 & -1 \\ 3 & 2 \end{pmatrix}$;   d $\begin{pmatrix} -2 & 1 \\ 2 & -1 \end{pmatrix}$

697. Quale di queste è una base di $\mathbb{R}_{\leq 2}[x]$?   a $1, x + 1, x^2 + x + 1$;   b $(x + 1)^2, x, x^2 + x + 1$;   c $1, x + 1, x^2 + x + 1, x - 1$;   d $x^2 - x + 3, 2x - 1, 2x^2 + 5$.

698. Sia $A = \begin{pmatrix} 1 & 0 & 1 \\ 1 & 1 & 1 \\ 0 & 0 & 1 \end{pmatrix}$. Quante soluzioni ha in $\mathbb{Z}_2^3$ il sistema $AX = 0$?

a 0;   b 1;   c 2;   d ∞.

699. Sia $A = \begin{pmatrix} 1 & k \\ k & k^2 \end{pmatrix}$ e $b = \begin{pmatrix} 1 \\ 2 \end{pmatrix}$. Per quali k il sistema $AX = b$ ha soluzione?

a $k = \pm 1$;   b $k = 2$;   c $k = 0, k = 2$;   d nessuna delle precedenti.

700. In $\mathbb{R}^4$, le coordinate di $(1,0,1,0)$ nella base $v_1 = (1,1,1,1)$, $v_2 = (0,1,1,1)$, $v_3 = (0,0,1,1)$, $v_4 = (0,0,0,1)$ sono: a $(1,2,3,4)$;   b $(1,1,1,1)$;   c $(1,-1,1,-1)$;   d Nessuna delle altre.

701. Quali sono equazioni cartesiane per span$\{(1,2,0,0),(0,1,0,-3)\} \subseteq \mathbb{R}^4$?   a $2x+3y-z=0, t-x=0$;   b $z = 0, 6x-3y-t = 0$;   c $x+y=0, x-3t=0$;   d $6x-3y+2z+t=0$.

702. Sia $A \in \mathcal{M}_{2\times 2}(\mathbb{Z}/2\mathbb{Z})$ e sia $p(x) = (x+1)^2$. Allora:

a $P(A) = A$;   b $P(A) = 0$;   c $P(A) = 0 \Leftrightarrow A = A^{-1}$;   d $P(A) = 0 \Rightarrow A = -Id$.

703. Una base dello spazio delle soluzioni del sistema $AX = 0$ con $A = \begin{pmatrix} 0 & 0 & 1 \\ 0 & 1 & 0 \end{pmatrix}$ è:

a $(1,0,0)$;   b $(0,1,0)$;   c $(0,0,1)$;   d Nessuna delle altre.

704. La dimensione di $V = \{f \in \text{End}(\mathbb{R}^3) \mid f(e_1) = f(e_2), \text{Imm } f \subseteq \text{span}\{e_1, e_3\}\}$ è:

a 2;   b 3;   c 4;   d V non è un sottospazio di $\text{End}(\mathbb{R}^3)$.

705. Quali delle seguenti matrici rappresenta un endomorfismo diagonalizzabile su $\mathbb{R}$?

a $\begin{pmatrix} 0 & 1 \\ 0 & 0 \end{pmatrix}$;   b $\begin{pmatrix} 1 & 1 \\ 0 & 1 \end{pmatrix}$;   c $\begin{pmatrix} 1 & -1 \\ 1 & 1 \end{pmatrix}$;   d $\begin{pmatrix} 6 & -4 \\ -4 & 6 \end{pmatrix}$.

706. In $\mathbb{R}^3$ la dimensione di span$\{(x,y,z) : z = 1\}$ è: a 0;   b 1;   c 2;   d 3.

707. Quali dei seguenti è un sistema di generatori di $\mathbb{R}_{\leq 3}[x]$?

a $1 + x + x^2 + x^3$;   b $(1 + x + x^2 + x^3)^3$;   c $0, 1, x, x + x^2, (x+1)(x+x^2)$;   d x, x^2, x^3.

708. In $\mathbb{R}^3$, la distanza tra $P = (0,-1,1)$ ed il piano π di equazione $x - y - z = 1$ è:

a 0;   b 1;   c -1;   d $1/\sqrt{3}$.

709. Il rango su $\mathbb{C}$ della matrice $\begin{pmatrix} 1 & i & 1+i & 1-i \\ 1+i & i-1 & 2i & 2 \\ i & -1 & i-1 & 1+i \end{pmatrix}$ è: a 1;   b 2;   c 3;   d 4.

710. Gli autovalori della derivata prima, come endomorfismo di $\mathbb{R}_{\leq 2}[x]$ sono:

a 0;   b $1, -1$;   c $0, 1, 2$;   d $1, 2$.

711. La segnatura (n_0, n_+, n_-) della forma bilineare associata alla matrice $\begin{pmatrix} 1 & 1 & 0 \\ 1 & 2 & 0 \\ 0 & 0 & 0 \end{pmatrix}$ è:

a $(1,2,0)$;   b $(0,1,2)$;   c $(0,2,1)$;   d $(1,0,2)$.

712. In $\mathbb{R}^3$ la distanza tra il piano $x - y + z = 1$ e $(1,0,1)$ è: a 0;   b 1;   c $\sqrt{3}$;   d $\frac{1}{\sqrt{3}}$.

713. La dimensione di $\{f \in \text{hom}(\mathbb{R}^3, \mathbb{R}^2) \mid f(0,0,1) = f(0,1,0) = 0\}$ è: a 1;   b 2;   c 3;   d 4.

714. La dimensione di $V = \{f \in \text{End}(\mathbb{R}^3) \mid f(e_1) = (1,0,2), \ker(f) = \text{span}(e_1 - e_3)\}$ è:

a 6;   b 4;   c 3;   d V non è uno spazio vettoriale.

715. Il rango della matrice $\begin{pmatrix} 1 & 0 & -1 \\ 2 & 1 & -2 \\ -5 & 0 & 1 \\ 2 & 3 & 4 \end{pmatrix}$ è: a 1;   b 2;   c 3;   d 4.

716. Sia A un sottoinsieme non vuoto di uno spazio vettoriale V. Lo span di A:

a potrebbe non esistere;   b contiene lo zero;   c è contenuto in A;   d ha dimensione 2.

717. In $\mathbb{R}^3$ la distanza tra il punto $p = (1,0,-1)$ ed il piano π di equazione $x - y + z = 0$ è
[a] positiva;   [b] nulla;   [c] negativa;   [d] π non è un piano.

718. Quale tra queste è la matrice di una simmetria rispetto all'asse x in $\mathbb{R}^2$?
[a] $\begin{pmatrix} -1 & 0 \\ 0 & -1 \end{pmatrix}$;   [b] $\begin{pmatrix} 0 & 1 \\ -1 & 0 \end{pmatrix}$;   [c] $\begin{pmatrix} 1 & 0 \\ 0 & -1 \end{pmatrix}$;   [d] $\begin{pmatrix} 0 & -1 \\ 1 & 0 \end{pmatrix}$.

719. La conica $(x-1)^2 - (x-y)^2 - x = 0$ è una: [a] parabola; [b] ellisse; [c] iperbole; [d] retta.

720. La conica di equazione $4y^2 + x^2 + 2 - 4xy + 10y = 0$ è una:
[a] Ellisse ;   [b] Parabola;   [c] Iperbole;   [d] Retta.

721. In $\mathbb{R}^3$ la distanza tra l'asse z ed il punto $(1,2,3)$ è: [a] $\sqrt{3}$;   [b] $\sqrt{5}$;   [c] 3;   [d] 1.

722. Qual è la dimensione massima dei blocchi di Jordan nella forma canonica di
$f(x,y,z,t) = (-x + y - z, -x + y, z, t)$?   [a] 4;   [b] 3;   [c] 2;   [d] 1.

723. L'ortogonale di 1 rispetto a $b(p,q) = (pq)'(0)$ in $\mathbb{R}_{\leq 2}[x]$ ha come base:
[a] $1, x$;   [b] $1, x^2$;   [c] x, x^2;   [d] nessuna delle altre.

724. Quali delle seguenti matrici rappresenta un endomorfismo diagonalizzabile su $\mathbb{R}$?
[a] $\begin{pmatrix} 1 & 2 \\ 2 & 1 \end{pmatrix}$;   [b] $\begin{pmatrix} 1 & 1 \\ 0 & 1 \end{pmatrix}$;   [c] $\begin{pmatrix} 1 & -1 \\ 1 & 1 \end{pmatrix}$;   [d] $\begin{pmatrix} 6 & -4 \\ 9 & -6 \end{pmatrix}$.

725. Se $v_1, \ldots, v_n$ sono dei vettori linearmente indipendenti di $\mathbb{R}^k$, allora: [a] sono ortogonali;
[b] se $n = k$ allora generano $\mathbb{R}^k$;   [c] generano sempre $\mathbb{R}^k$;   [d] nessuna delle precedenti.

726. L'inversa di $M = \begin{pmatrix} 1 & 1 \\ i & -i \end{pmatrix}$ è: [a] M non è invertibile;   [b] M^T;   [c] $\frac{1}{2}\begin{pmatrix} 1 & -i \\ 1 & i \end{pmatrix}$;   [d] $\frac{1}{2}\begin{pmatrix} 1 & 1 \\ 1 & -1 \end{pmatrix}$.

727. In $\mathbb{R}^3$ col prodotto scalare standard, la proiezione di $(1,2,0)$ sull'ortogonale di $(1,1,1)$ è:
[a] $(1,0,1)$;   [b] $(0,1,-1)$;   [c] $(1,-2,1)$;   [d] $(-1,0,1)$.

728. In $\mathbb{R}_{\leq 2}[x]$, le coordinate di $(1+x)^2$ rispetto alla base $v_1 = 1 + x, v_2 = 1, v_3 = 1 + x + x^2$ sono:
[a] $(1,-1,1)$;   [b] $(2,0,0)$;   [c] $(-1,1,1)$;   [d] $(1,0,0)^2$.

729. In $\mathbb{R}^3$ le rette $r = \{x + y + z = 0, x - z = 0\}$ e $s = \{x - y = 0, x + y + z = 1\}$ sono tra loro:
[a] parallele;   [b] incidenti;   [c] uguali;   [d] sghembe.

730. La distanza in $\mathbb{R}^3$ fra $(1,2,-1)$ e $\text{span}\{(\frac{2}{3},1,0),(2,0,-1)\}$ è: [a] $\frac{1}{49}$;   [b] $\frac{1}{7}$;   [c] 1;   [d] $\frac{5}{7}$.

731. Quale dei seguenti è un spazio vettoriale?   [a] $\{A \in \mathcal{M}_{n \times n}(\mathbb{C}) : A$ è diagonalizzabile$\}$;
[b] $\{p \in \mathbb{R}[x] : p(1) = 0\}$;   [c] $\{A \in \mathcal{M}_{n \times n}(\mathbb{C}) : A$ è invertibile$\}$;   [d] nessuno dei precedenti.

732. Sia $f \in \text{hom}(\mathcal{M}_{2 \times 2}(\mathbb{R}), \mathbb{R}^2)$ data da $f\begin{pmatrix} a & b \\ c & d \end{pmatrix} = (a + b, c + d)$. La matrice di f nelle basi
$v_1 = \begin{pmatrix} 1 & 0 \\ 0 & 1 \end{pmatrix}, v_2 = \begin{pmatrix} 0 & 1 \\ 1 & 0 \end{pmatrix}, v_3 = \begin{pmatrix} 0 & 1 \\ 1 & 1 \end{pmatrix}, v_4 = \begin{pmatrix} 0 & 1 \\ 0 & 0 \end{pmatrix}$ di $\mathcal{M}_{2 \times 2}(\mathbb{R})$ e $w_1 = (1,1), w_2 = (1,0)$ di $\mathbb{R}^2$ è:
[a] $\begin{pmatrix} 1 & 1 & 2 & 0 \\ 0 & 0 & -1 & 1 \end{pmatrix}$;   [b] $\begin{pmatrix} 1 & 1 & 1 & 0 \\ 0 & 0 & 1 & 1 \end{pmatrix}$;   [c] $\begin{pmatrix} 1 & 1 & 1 & 1 \\ 1 & 1 & 2 & 0 \end{pmatrix}$;   [d] $f \notin \text{hom}(\mathcal{M}_{2 \times 2}(\mathbb{R}), \mathbb{R}^2)$.

733. La segnatura (n_0, n_+, n_-) della forma bilineare associata alla matrice $\begin{pmatrix} 4 & 1 & 2 \\ 1 & 2 & 1 \\ 2 & 1 & 2 \end{pmatrix}$ è:
[a] $(1,2,3)$;   [b] $(0,1,2)$;   [c] $(0,2,1)$;   [d] $(0,3,0)$.

734. La conica di equazione $x - y^2 + 2y + 1 = 0$ è:
[a] un'ellisse;   [b] una parabola;   [c] un'iperbole;   [d] l'insieme vuoto.

735. La proiezione ortogonale di $(2,4,-1)$ lungo $(1,1,0)$ è:
[a] $(6,12,-3)$;   [b] $(6/21, 6/21, 0)$;   [c] $(3,3,0)$;   [d] $(2/3, 4/3, -1/3)$.

736. La dimensione di $\{f \in \text{hom}(\mathbb{R}^2, \mathbb{R}^3) \mid f(e_2) \subseteq \text{span}(1,2,3)\}$ è: [a] 1;   [b] 2;   [c] 3;   [d] 4.

737. La dimensione di $\{f \in \text{hom}(\mathbb{R}^2, \mathbb{R}^3) \mid f(e_2) = f(e_1)\}$ è: [a] 1;   [b] 2;   [c] 3;   [d] 4.

738. Quali delle seguenti formule definisce un'applicazione lineare $\mathbb{R}^3 \to \mathbb{R}$? $f(x,y,z) =$
$\boxed{a}$ $(x+y)^2 - (x-y)^2 + z - 4xy$; $\boxed{b}$ $2x + 4xy$; $\boxed{c}$ $2x+1$; $\boxed{d}$ $x^2 + y + x$.

739. Le coordinate di $\begin{pmatrix} 1 & 0 \\ 0 & 1 \end{pmatrix}$ rispetto alla base $\begin{pmatrix} 1 & 0 \\ 0 & 0 \end{pmatrix}, \begin{pmatrix} 1 & 1 \\ 0 & 0 \end{pmatrix}, \begin{pmatrix} 1 & 1 \\ 1 & 0 \end{pmatrix}, \begin{pmatrix} 1 & 1 \\ 1 & 1 \end{pmatrix}$ di $\mathcal{M}_{2\times 2}(\mathbb{Z}_2)$
sono: $\boxed{a}$ (1,0,1,1); $\boxed{b}$ (1,0,0,1); $\boxed{c}$ (0,0,1,1); $\boxed{d}$ (1,1,1,1).

740. In $\mathbb{R}^3$ la distanza tra il piano $\pi : x - y + z = 1$ e $P = (2,0,0)$ è: $\boxed{a}$ 0; $\boxed{b}$ 1; $\boxed{c}$ $\sqrt{3}$; $\boxed{d}$ $\frac{1}{\sqrt{3}}$.

741. Se $A \in \mathcal{M}_{n\times n}(\mathbb{R})$ con $A_{ij} = i \cdot j$ (la tavola pitagorica), allora: $\boxed{a}$ A è invertibile;
$\boxed{b}$ $\dim(\ker A) = 1$; $\boxed{c}$ A ha n autovalori distinti; $\boxed{d}$ $\mathbb{R}^n$ ha una base di autovettori di A.

742. Il rango di $A = \begin{pmatrix} 1 & 2 & 1 & i & 0 \\ i & 1 & 1+i & 1-i & 3 \\ 0 & 0 & 1 & 0 & 1 \\ 1 & 0 & -i & 1 & 0 \end{pmatrix}$ è: $\boxed{a}$ 1 ; $\boxed{b}$ 2 ; $\boxed{c}$ 3; $\boxed{d}$ 4.

743. Quali sono equazioni parametriche per $V = \{2x - y + 3z = 0\} \subseteq \mathbb{R}^3$? $\boxed{a}$ $x = s, y = 2s + 3t, z = t$;
$\boxed{b}$ $x = 2s, y = 2s + 3t, z = 3t$; $\boxed{c}$ $x = s - t, y = s, z = s + t$; $\boxed{d}$ nessuna.

744. Dati $\pi_1 = \{(x,y,z,t) \in \mathbb{R}^4 \mid x + t = 0, x - y + 2z - 1 = 0\}$ e $\pi_2 = \text{span}\{(1,0,-2,0),(0,1,1,1)\}$:
$\boxed{a}$ $\pi_1 \cap \pi_2$ è un punto; $\boxed{b}$ $\pi_1 \cap \pi_2$ è una retta; $\boxed{c}$ $\text{Giac}(\pi_1) = \text{Giac}(\pi_2)$; $\boxed{d}$ $\pi_1 = \pi_2$.

745. In $\mathbb{R}^3$ la distanza tra $\pi = \{x - y + z = 4\}$ e $p = (1,1,1)$ è: $\boxed{a}$ $-\sqrt{3}$; $\boxed{b}$ 3; $\boxed{c}$ $\sqrt{3}$; $\boxed{d}$ 1.

746. Quanti blocchi ha la forma di Jordan di $f(x,y,z) = (x, 2x+y, 3x+2y+z)$?
$\boxed{a}$ 1; $\boxed{b}$ 2; $\boxed{c}$ 3; $\boxed{d}$ 4.

747. Sia A un sottoinsieme di uno spazio vettoriale V. Lo span di A è sempre:
$\boxed{a}$ uno spazio vettoriale; $\boxed{b}$ uguale a V; $\boxed{c}$ contenuto in A; $\boxed{d}$ una base di V.

748. In $\mathbb{R}^3$, la distanza tra $P = (1,-1,1)$ ed il piano π di equazione $x - y - z = 1$ è:
$\boxed{a}$ 0; $\boxed{b}$ 1; $\boxed{c}$ -1; $\boxed{d}$ $\sqrt{2}$.

749. In $\mathbb{R}^3$ col prodotto scalare standard, la proiezione di $(1,2,3)$ sull'ortogonale di $(1,1,1)$ è:
$\boxed{a}$ $(1,0,1)$; $\boxed{b}$ $(1,0,-1)$; $\boxed{c}$ $(1,-2,1)$; $\boxed{d}$ $(-1,0,1)$.

750. In $\mathbb{R}^3$ la distanza di $(1,1,1)$ dal piano $y + z = 0$ è: $\boxed{a}$ 1; $\boxed{b}$ π; $\boxed{c}$ $\sqrt{2}$; $\boxed{d}$ $2\sqrt{2}$.

751. La conica di equazione $y^2 + 2y + 1 = x^2$ è:
$\boxed{a}$ un'ellisse reale; $\boxed{b}$ una coppia di rette incidenti; $\boxed{c}$ una parabola; $\boxed{d}$ un piano.

752. Sia W un sottospazio di uno spazio vettoriale V. Se $V \neq W$, allora:
$\boxed{a}$ V ha una base fatta di vettori che non stanno in W; $\boxed{b}$ Ogni base di V contiene una base di W;
$\boxed{c}$ Ogni base di V si estende a base di W; $\boxed{d}$ Nessuna delle precedenti.

753. Sia $f \in \text{hom}(\mathcal{M}_{2\times 2}(\mathbb{R}), \mathbb{R}^2)$ data da $f(A) = (\text{traccia}(A), -\text{traccia}(A))$. La matrice di f nelle basi
$v_1 = \left(\begin{smallmatrix} 1 & 0 \\ 0 & 1 \end{smallmatrix}\right), v_2 = \left(\begin{smallmatrix} 0 & 1 \\ 1 & 0 \end{smallmatrix}\right), v_3 = \left(\begin{smallmatrix} 1 & 0 \\ 0 & 0 \end{smallmatrix}\right), v_4 = \left(\begin{smallmatrix} 0 & 1 \\ 0 & 0 \end{smallmatrix}\right)$ di $\mathcal{M}_{2\times 2}(\mathbb{R})$ e $w_1 = (1,1), w_2 = (0,-1)$ di $\mathbb{R}^2$ è:
$\boxed{a}$ $\begin{pmatrix} 2 & 0 & 1 & 0 \\ 4 & 0 & 2 & 0 \end{pmatrix}$; $\boxed{b}$ $\begin{pmatrix} 2 & 0 & 1 & 0 \\ -2 & 0 & -1 & 0 \end{pmatrix}$; $\boxed{c}$ $\begin{pmatrix} 2 & 0 & 1 & 0 \\ 2 & 0 & 1 & 0 \end{pmatrix}$; $\boxed{d}$ $f \notin \text{hom}(\mathcal{M}_{2\times 2}(\mathbb{R}), \mathbb{R}^2)$.

754. Detti $x = (x_1, x_2, x_3)$ e $y = (y_1, y_2, y_3)$, quale tra queste è una forma bilineare? $\boxed{a}$ $f(x,y) = x_1^2 - 34x_1y_1$; $\boxed{b}$ $f(x,y) = x_2y_2 + 2x_3y_1$; $\boxed{c}$ $f(x,y) = 2x_1y_2 - 2y_1y_2$; $\boxed{d}$ $f(x,y) = 7y_2 - y_1x_3$.

755. In $\mathbb{R}^4$ siano $V = \text{span}\{e_1 - e_2, 3e_4\}$ e $W = \{(x,y,z,t) \in \mathbb{R}^4 \mid x - 2y = 0, 3x + z + t = 0\}$.
La dimensione di $V + W$ è: $\boxed{a}$ 4; $\boxed{b}$ 3; $\boxed{c}$ 2; $\boxed{d}$ 1.

756. Quanti blocchi ha la forma di Jordan di $f(x,y,z,s,t) = (0, -y+z, -y+z, t, 0)$?
$\boxed{a}$ 4; $\boxed{b}$ 3; $\boxed{c}$ 2; $\boxed{d}$ 1.

757. La segnatura (n_0, n_+, n_-) della forma bilineare su $\mathbb{R}_{\leq 2}[x]$ definita da $b(p,q) = p(0)q(0)$ è:
$\boxed{a}$ (2,1,0); $\boxed{b}$ (3,0,0); $\boxed{c}$ (1,1,1); $\boxed{d}$ nessuna.

758. In $\mathbb{R}^3$ siano $r : \{x = y = z + 1\}$ ed $s(t) = (t, t - 1, t)$. Lo span di r e s ha dimensione:
a 3;   b 2;   c 1;   d lo span di due rette non è definito.

759. Sia W sottospazio di V. Qual è falsa?   a Ogni sottospazio di V interseca W;   b Ogni sottospazio di W è sottospazio di V; c Ogni base di V contiene un vettore di W;   d Nessuna.

760. Quale delle seguenti matrici non è diagonalizzabile?
a $\begin{pmatrix} -\frac{1}{3} & -\frac{1}{3} \\ -\frac{1}{3} & \frac{1}{3} \end{pmatrix}$;   b $\begin{pmatrix} 0 & \frac{1}{3} \\ 0 & \frac{1}{3} \end{pmatrix}$;   c $\begin{pmatrix} -2 & 4 \\ 2 & 2 \end{pmatrix}$;   d Lo sono tutte le precedenti.

761. Sia $f \in \hom(\mathbb{R}_{\leq 2}[x], \mathbb{R}_{\leq 3}[x])$ dato da $f(p) = xp(x)$. La sua matrice nelle basi canoniche è:
a $\begin{pmatrix} 0 & 0 & 0 \\ 0 & 1 & 0 \\ 0 & 0 & 2 \\ 1 & 0 & 0 \end{pmatrix}$;   b $\begin{pmatrix} 0 & 0 & 0 \\ 0 & 0 & 1 \\ 0 & 1 & 1 \\ 1 & 1 & 0 \end{pmatrix}$;   c $\begin{pmatrix} 0 & 0 & 0 \\ 1 & 0 & 0 \\ 0 & 1 & 0 \\ 0 & 0 & 1 \end{pmatrix}$;   d nessuna delle precedenti.

762. Sia $A = \begin{pmatrix} 1 & 2 & 1 & i \\ i & 1 & 1+i & 1-i \end{pmatrix}$. Il rango di $A^T A$ è: a 1 ;   b 2 ;   c 3;   d 4.

763. La matrice di $f(x, y) = (2x + y, y - x)$ nella base di $\mathbb{R}^2$ formata da $v_1 = e_2, v_2 = e_1 + e_2$ è:
a $\begin{pmatrix} 0 & -3 \\ 1 & 3 \end{pmatrix}$;   b $\begin{pmatrix} 1 & 3 \\ 1 & 0 \end{pmatrix}$;   c $\begin{pmatrix} 1 & 1 \\ -1 & 3 \end{pmatrix}$;   d $\begin{pmatrix} 1 & 3 \\ 0 & -3 \end{pmatrix}$.

764. La retta di $\mathbb{R}^3$ parallela a $r = \{x + y - z + 2 = 0, y = 2x + 1\}$ e passante per $(1, 3, 3)$ è:
a $(t, t + 1, t + 2)$;   b $(t + 1, 2t + 3, 3t + 3)$;   c $(t + 1, t, t)$;   d $(1 + t, 3t, 3t)$.

765. La dimensione di $\{f \in \hom(\mathbb{R}^3, \mathbb{R}^3) \mid \mathrm{Imm}(f) \subseteq \mathrm{span}(e_1)\}$ è: a 1;   b 3;   c 6;   d 9.

766. In $\mathbb{R}^4$ una base delle soluzioni del sistema $\begin{cases} x - 3y + 4z = 0 \\ x - y + t = 0 \end{cases}$ è: a $\{(3, 1, 0, -2), (-4, 0, 1, 4)\}$;
b $\{(3, 1, 0, -2), (2, -2, 1, 0)\}$;   c $\{(2, 2, 1, 0), (-4, 1, 0, 4)\}$;   d $\{(2, -2, 1, 0), (-4, 0, 1, 4)\}$.

767. Quale tra queste matrici è diagonalizzabile?
a $\begin{pmatrix} 2i & 0 & 0 \\ 0 & i & 1 \\ 0 & 0 & i \end{pmatrix}$;   b $\begin{pmatrix} -1 & 0 & 0 \\ 1 & -1 & 0 \\ 0 & 1 & -1 \end{pmatrix}$;   c $\begin{pmatrix} 1 & 0 & -2 \\ 0 & 3 & 3 \\ -2 & 3 & -1 \end{pmatrix}$;   d $\begin{pmatrix} 1 & 0 & 0 \\ 1 & 1 & 0 \\ 0 & 0 & i \end{pmatrix}$.

768. Sia $b \in \mathrm{bil}(\mathbb{R}^3)$ la forma simmetrica con forma quadratica $4x^2 + 3y^2 + 2z^2 + 2xy + 2yz$. La segnatura (n_0, n_+, n_-) di b è: a $(3, 0, 0)$;   b $(2, 1, 0)$;   c $(0, 3, 0)$;   d $(1, 2, 0)$.

769. In $\mathbb{R}^3$, la distanza tra $P = (1, 0, 1)$ ed il piano π di equazione $x - y - z = 1$ è:
a 0;   b 1;   c $1/\sqrt{3}$;   d $\sqrt{2}$.

770. Siano $W_1 = \{A_1 X = 0\}$ e $W_2 = \{A_2 X = 0\}$ sottospazi di $\mathbb{K}^n$ tali che $W_1 + W_2 = \mathbb{K}^n$. Allora
a $rg(A_1) + rg(A_2) = n$;   b $W_1 \oplus W_2 = \mathbb{K}^n$;   c $rg\begin{pmatrix} A_1 \\ A_2 \end{pmatrix} = rg(A_1) + rg(A_2)$;   d nessuna.

771. Sia $b \in \mathrm{bil}(\mathbb{R}^4)$ la forma simmetrica con forma quadratica $7x^2 + 14y^2 + 7z^2 + 14t^2 + 2xz + 4yt$. La segnatura (n_0, n_+, n_-) di b è: a $(0, 4, 0)$;   b $(0, 2, 2)$;   c $(4, 0, 0)$;   d $(0, 3, 1)$.

772. Quale è la matrice di un prodotto scalare? a $\begin{pmatrix} 1 & 1 \\ 1 & 1 \end{pmatrix}$;   b $\begin{pmatrix} 0 & 1 \\ 1 & 0 \end{pmatrix}$;   c $\begin{pmatrix} 1 & 1 \\ 1 & 2 \end{pmatrix}$;   d $\begin{pmatrix} 1 & 2 \\ 2 & 2 \end{pmatrix}$.

773. La forma bilineare associata a $\begin{pmatrix} 0 & x \\ x & 1 \end{pmatrix}$ è definita positiva:
a mai;   b sempre;   c solo se $x > 0$;   d solo se $x \neq 0$.

774. Gli autovalori di $f \in \mathrm{End}(\mathbb{C}_{\leq 2}[x])$ definito da $f(p) = p(0)x - p(i)x^2$ sono:
a $0, i$;   b $0, 1, i$ c $0, i, -i$;   d $0, 1$.

775. Il rango della matrice $\begin{pmatrix} 1 & 0 & -2 & 2 \\ 1 & -1 & -1 & 1 \\ 1 & 1 & -2 & 2 \\ 0 & 2 & 1 & -1 \end{pmatrix}$ è: $\boxed{a}$ 1; $\boxed{b}$ 2; $\boxed{c}$ 3; $\boxed{d}$ 4.

776. La forma di Jordan di $f(x,y) = (6x - 4y, 9x - 6y)$ è:
$\boxed{a}$ $\begin{pmatrix} 1 & 1 \\ 0 & 1 \end{pmatrix}$; $\boxed{b}$ $\begin{pmatrix} 0 & 1 \\ 0 & 0 \end{pmatrix}$; $\boxed{c}$ $\begin{pmatrix} 1 & 0 \\ 0 & 0 \end{pmatrix}$; $\boxed{d}$ nessuna delle precedenti.

777. In $\mathbb{R}^3$ la dimensione di span$\{(x,y,z) | x = y, z = 1\}$ è: $\boxed{a}$ 0; $\boxed{b}$ 1; $\boxed{c}$ 2; $\boxed{d}$ 3.

778. In $\mathbb{R}^2$ la distanza di $(1,1)$ dalla retta $y + x + 2 = 0$ è: $\boxed{a}$ 1; $\boxed{b}$ $2\sqrt{2}$; $\boxed{c}$ π; $\boxed{d}$ $\sqrt{3}$.

779. Quale dei seguenti insiemi costituisce una base per $\mathbb{R}_{\leq 2}[x]$?
$\boxed{a}$ $1 + x^2, (1+x)^2, x^2$; $\boxed{b}$ $0, 1, x, x^2$; $\boxed{c}$ $x - 1, x + 1, 2$; $\boxed{d}$ $1, 1 - x, 1 - x^2, 1 - x - x^2$.

780. Quale dei seguenti non è uno spazio vettoriale? $\boxed{a}$ $\{A \in \mathcal{M}_{n \times n}(\mathbb{C}) : A \text{ è diagonale}\}$;
$\boxed{b}$ $\{p \in \mathbb{R}[x] : p(1) = 0\}$; $\boxed{c}$ $\{f : \mathbb{R} \to \mathbb{R} \text{ continua}\}$; $\boxed{d}$ sono tutti spazi vettoriali.

781. Le coordinate di $(1 - x)^2$ in $\mathbb{R}_{\leq 2}[x]$ sono:
$\boxed{a}$ $(1,-2,1)$; $\boxed{b}$ dipende dalla base scelta; $\boxed{c}$ $(1,-1)^2$; $\boxed{d}$ nessuna delle precedenti.

782. Sia $f \in \text{End}(\mathbb{R}_{\leq 2}[x])$ la derivata. La matrice di f nelle base $x^2 + 1, -1, x$ è:
$\boxed{a}$ $\begin{pmatrix} 0 & 0 & 1 \\ 2 & 0 & 0 \\ 0 & 0 & 0 \end{pmatrix}$; $\boxed{b}$ $\begin{pmatrix} 0 & 0 & -1 \\ 2 & 0 & 0 \\ 0 & 0 & 0 \end{pmatrix}$; $\boxed{c}$ $\begin{pmatrix} 0 & 0 & -1 \\ 0 & 0 & 0 \\ 2 & 0 & 0 \end{pmatrix}$; $\boxed{d}$ $\begin{pmatrix} 0 & 0 & 1 \\ 0 & 0 & 0 \\ 2 & 0 & 0 \end{pmatrix}$.

783. Quale delle seguenti matrici è ortogonale?
$\boxed{a}$ $\begin{pmatrix} 1 & 0 & -1 \\ 0 & 1 & 0 \\ 1 & 0 & 1 \end{pmatrix}$; $\boxed{b}$ $\begin{pmatrix} 1/\sqrt{2} & 0 & 1/\sqrt{2} \\ 0 & 1 & 0 \\ -1/\sqrt{2} & 0 & 1/\sqrt{2} \end{pmatrix}$; $\boxed{c}$ $\begin{pmatrix} 0 & 1 & -1 \\ 1 & 0 & 0 \\ 0 & 1 & 1 \end{pmatrix}$; $\boxed{d}$ tutte le precedenti.

784. La conica di equazione $x^2 + y^2 + x + y + 1 = 0$ è:
$\boxed{a}$ un'ellisse reale; $\boxed{b}$ una parabola; $\boxed{c}$ un'iperbole; $\boxed{d}$ l'insieme vuoto.

785. Quali delle seguenti matrici rappresenta un endomorfismo diagonalizzabile su $\mathbb{R}$?
$\boxed{a}$ $\begin{pmatrix} 1 & 1 \\ 1 & 1 \end{pmatrix}$; $\boxed{b}$ $\begin{pmatrix} 1 & 1 \\ 0 & 1 \end{pmatrix}$; $\boxed{c}$ $\begin{pmatrix} 1 & -1 \\ 1 & 1 \end{pmatrix}$; $\boxed{d}$ $\begin{pmatrix} 6 & -4 \\ 9 & -6 \end{pmatrix}$.

786. La matrice associata al prodotto scalare standard rispetto alla base $(1,2), (3,4)$ è:
$\boxed{a}$ $\begin{pmatrix} 1 & 2 \\ 3 & 4 \end{pmatrix}$; $\boxed{b}$ $\begin{pmatrix} 1 & 4 \\ 9 & 16 \end{pmatrix}$; $\boxed{c}$ $\begin{pmatrix} \sqrt{2} & 0 \\ 0 & \sqrt{2} \end{pmatrix}$; $\boxed{d}$ $\begin{pmatrix} 5 & 11 \\ 11 & 25 \end{pmatrix}$.

787. In $\mathbb{R}_{\leq 2}[x]$, le coordinate di $1 - x^2$ rispetto alla base $\{x - 1, x^2 + x, x^2\}$ sono:
$\boxed{a}$ $(1,1,1)$; $\boxed{b}$ $(-1,1,-2)$; $\boxed{c}$ $(1,0,2)$; $\boxed{d}$ $(2,1,-1)$.

788. In $\mathbb{R}^3$ le rette $r = \{x = y + z = 1\}$ e $s = \text{span}\{(0,1,-1)\} + (1,0,0)$ sono tra loro:
$\boxed{a}$ sghembe; $\boxed{b}$ parallele; $\boxed{c}$ incidenti; $\boxed{d}$ coincidenti.

789. La dimensione di $\mathbb{C}^2$ su $\mathbb{R}$ è $\boxed{a}$ 1; $\boxed{b}$ 2; $\boxed{c}$ 3; $\boxed{d}$ 4.

790. Un sottoinsieme di uno spazio vettoriale V è un sottospazio vettoriale se: $\boxed{a}$ Contiene lo zero;
$\boxed{b}$ è diverso da zero; $\boxed{c}$ non contiene lo zero; $\boxed{d}$ nessuna delle altre.

791. Sia $b \in \text{bil}(\mathbb{R}^2)$ la forma simmetrica con forma quadratica $x^2 - y^2 + 2xy$. La matrice di b rispetto alla
base $(1,0), (1,1)$ è: $\boxed{a}$ $\begin{pmatrix} 1 & -1 \\ -1 & 2 \end{pmatrix}$; $\boxed{b}$ $\begin{pmatrix} 1 & 0 \\ 0 & 2 \end{pmatrix}$; $\boxed{c}$ $\begin{pmatrix} 1 & 1 \\ 1 & 2 \end{pmatrix}$; $\boxed{d}$ $\begin{pmatrix} 1 & 2 \\ 2 & 2 \end{pmatrix}$.

792. Le equazioni cartesiane per $V = \text{span}\{(1,2,3), (0,0,0)\} \subseteq \mathbb{R}^3$ sono:
$\boxed{a}$ $y - 2x = 0, z = 0$; $\boxed{b}$ $y - 2x = 0, z - 3x = 0$; $\boxed{c}$ $y - 2x = 0$; $\boxed{d}$ $z - 3x = 0$.

793. Quali delle seguenti è una matrice ortogonale?
$\boxed{a}$ $\begin{pmatrix} 1 & 1 \\ 1 & 1 \end{pmatrix}$; $\boxed{b}$ $\begin{pmatrix} 1 & 1 \\ 0 & 1 \end{pmatrix}$; $\boxed{c}$ $\begin{pmatrix} 1 & -1 \\ 1 & 1 \end{pmatrix}$; $\boxed{d}$ $\begin{pmatrix} 0 & 1 \\ 1 & 0 \end{pmatrix}$.

794. Siano $V = \{(x,y,z,t) \in \mathbb{R}^4 \mid x = 0, y = z - t\}$ e $W = \text{span}\{(1,2,-1,0)\}$.
La dimensione di $V \cap W$ è: [a] 0;   [b] 1;   [c] 2;   [d] 3.

795. La matrice associata al prodotto scalare standard di $\mathbb{R}^2$ nella base $(1,2), (1,-1)$ è:

[a] $\begin{pmatrix} 1 & 0 \\ 0 & 1 \end{pmatrix}$;   [b] $\begin{pmatrix} 1 & 1 \\ 2 & -1 \end{pmatrix}$;   [c] $\begin{pmatrix} 1 & 2 \\ -1 & 1 \end{pmatrix}$;   [d] $\begin{pmatrix} 5 & -1 \\ -1 & 2 \end{pmatrix}$.

796. In $\mathbb{R}^3$ la dimensione di $\text{span}\{xyz = 0\}$ è: [a] 1;   [b] 2;   [c] 3;   [d] 4.

797. La retta affine di $\mathbb{R}^3$ passante per $(1,3,6)$ e parallela a $s(t) = (t+1, 2t+2, 3t+3)$ è:

[a] $(t, 2t+1, 3t)$;   [b] $x + y = z - 2, y = 2x + 1$;   [c] $x - y = -2, y = 2x$;   [d] $(t, 2t-1, 3t+3)$.

798. Sia $f \in \hom(\mathcal{M}_{2\times 2}(\mathbb{R}), \mathbb{R}^2)$ data da $f(\begin{smallmatrix} a & b \\ c & d \end{smallmatrix}) = (ab, -cd)$. La matrice di f nelle basi
$v_1 = (\begin{smallmatrix} 1 & 0 \\ 0 & 1 \end{smallmatrix}), v_2 = (\begin{smallmatrix} 0 & 1 \\ 1 & 0 \end{smallmatrix}), v_3 = (\begin{smallmatrix} 1 & 0 \\ 0 & 0 \end{smallmatrix}), v_4 = (\begin{smallmatrix} 0 & 1 \\ 0 & 0 \end{smallmatrix})$ di $\mathcal{M}_{2\times 2}(\mathbb{R})$ e $w_1 = (0,1), w_2 = (1,0)$ di $\mathbb{R}^2$ è:

[a] $\begin{pmatrix} 1 & 0 & 0 & 0 \\ 0 & -1 & 0 & 0 \end{pmatrix}$;   [b] $\begin{pmatrix} 0 & -1 & 0 & 0 \\ 1 & 0 & 0 & 0 \end{pmatrix}$;   [c] $\begin{pmatrix} 1 & 0 & 0 & -1 \\ 0 & 1 & -1 & 0 \end{pmatrix}$;   [d] $f \notin \hom(\mathcal{M}_{2\times 2}(\mathbb{R}), \mathbb{R}^2)$.

799. Per quali k l'applicazione $f : \mathbb{R}^3 \to \mathbb{R}^3$, $f(x,y,z) = (x + k^2 z, -ky, k^2 x + z)$ è diagonalizzabile?
[a] per ogni k;   [b] $k \neq 0$;   [c] $k \neq -1/2$;   [d] $k \neq 0, -1/2$.

800. Quali delle seguenti matrici rappresenta un endomorfismo diagonalizzabile su $\mathbb{R}$?

[a] Nessuno degli altri;   [b] $\begin{pmatrix} 0 & 0 \\ 0 & 0 \end{pmatrix}$;   [c] $\begin{pmatrix} 1 & -1 \\ 1 & 1 \end{pmatrix}$;   [d] $\begin{pmatrix} 6 & -4 \\ 9 & -6 \end{pmatrix}$.

801. Sia W il sottospazio di $\mathbb{C}^4$ dato da $W = \{x + iy + z + t = 0, 2y - iz = 0, x - iy + t = 0\}$.
[a] $\dim(W) = 1$;   [b] $\dim(W) = 2$;   [c] $\dim(W) = 3$;   [d] $\dim(W) = 4$.

802. In $\mathbb{R}^3$, la distanza tra $P = (1,-1,1)$ ed l'asse Y è: [a] 0;   [b] 1;   [c] -1;   [d] $\sqrt{2}$.

803. Se W è sottospazio di V con $k = \dim W < \dim V$: [a] ogni base di V ha k vettori in W; [b] V non ha basi senza vettori in W; [c] V ha una base senza vettori in W; [d] nessuna delle altre.

804. Quali dei seguenti vettori di $\mathbb{C}^3$ sono linearmente indipendenti tra loro?

[a] $\begin{pmatrix} 0 \\ 1-i \\ 0 \end{pmatrix}, \begin{pmatrix} 1 \\ 1 \\ i \end{pmatrix}, \begin{pmatrix} 1 \\ i \\ i \end{pmatrix}$;   [b] $\begin{pmatrix} 1 \\ i \\ 1 \end{pmatrix}, \begin{pmatrix} i \\ 1 \\ i \end{pmatrix}, \begin{pmatrix} 1 \\ 0 \\ 0 \end{pmatrix}$;   [c] $\begin{pmatrix} 1 \\ 1 \\ 1 \end{pmatrix}, \begin{pmatrix} i \\ i \\ i \end{pmatrix}, \begin{pmatrix} 1 \\ 0 \\ i \end{pmatrix}$;   [d] $\begin{pmatrix} 1 \\ 0 \\ 0 \end{pmatrix}, \begin{pmatrix} i \\ 0 \\ 0 \end{pmatrix}, \begin{pmatrix} 0 \\ i \\ 0 \end{pmatrix}$

805. In $\mathbb{C}^3$ quante soluzioni ha il sistema $\begin{cases} x + iz = 0 \\ ix + y + z = 0 \\ y + 2z = -1 \end{cases}$ [a] 0;   [b] 1;   [c] 2;   [d] ∞.

806. Quali sono equazioni parametriche per $V = \{2ix - y + 3z = 0\} \subseteq \mathbb{C}^3$? [a] $x = s, y = 2is + 3t, z = t$;
[b] $x = s, y = 2s + 3it, z = t$;   [c] $x = t, y = 2is + 3it, z = s$;   [d] nessuna.

807. Un sottoinsieme A di uno spazio vettoriale V è un sottospazio vettoriale se:
[a] $\text{span}(A) \subseteq A$;   [b] Contiene lo zero;   [c] Non contiene lo zero;   [d] Nessuna delle altre.

808. La conica di equazione $(x+1)^2 - (y-1)^2 - 4x - 2y - 1 = 0$ è:
[a] una parabola;   [b] un'ellisse;   [c] una coppia di retta incidenti;   [d] un'iperbole.

809. La conica di equazione $x^2 + 2x + 1 = 0$ è:
[a] un'ellisse;   [b] una parabola;   [c] due rette parallele;   [d] nessuno dei precedenti.

810. Quale delle seguenti funzioni è lineare?
[a] $f(x,y) = x^2 + y$;   [b] $f(x,y) = (x+y, y-1)$;   [c] $f(x,y) = (x + 2y, 0)$;   [d] Nessuna.

811. Quale insieme genera $\mathcal{M}_{2\times 2}(\mathbb{C})$?   [a] $\begin{pmatrix} 0 & i \\ 0 & 0 \end{pmatrix}, \begin{pmatrix} 0 & i \\ 2i & 0 \end{pmatrix}, 2\begin{pmatrix} 0 & i \\ 2i & 0 \end{pmatrix}, \begin{pmatrix} 0 & 0 \\ 0 & 1 \end{pmatrix}$;

[b] nessuno;   [c] $\begin{pmatrix} 1 & i \\ 0 & 0 \end{pmatrix}, \begin{pmatrix} 0 & 1 \\ -i & 0 \end{pmatrix}$;   [d] $\begin{pmatrix} 1 & i \\ 0 & 0 \end{pmatrix}, \begin{pmatrix} 0 & 1 \\ i & 0 \end{pmatrix}, \begin{pmatrix} 0 & i \\ 1 & 0 \end{pmatrix}^2, \begin{pmatrix} 0 & 0 \\ 0 & 1 \end{pmatrix}$.

812. Quale di questi è un sottospazio vettoriale di $\mathbb{R}[x]$?
[a] $\{p \mid p(0) = 0\}$;   [b] $\{p \mid p(0) = 1\}$;   [c] $\{p \mid p(0) \neq 0\}$;   [d] nessuno.

813. Siano $W_1, W_2, W_3, U < \mathbb{R}^n$ tali che $U = W_1 \oplus W_2$ e $\mathbb{R}^n = U \oplus W_3$. Allora: $\boxed{a}$ $W_1 \cap W_3 = 0$; $\boxed{b}$ $\dim(U) > \dim(W_3)$; $\boxed{c}$ $\dim(U) < \dim(W_3)$; $\boxed{d}$ nessuna delle precedenti.

814. In $\mathbb{R}^3$ siano $v_1 = (0,1,2), v_2 = (1,0,3), v_3 = (1,-1,1)$ e $w_1 = (1,1,1), w_2 = (2,-1,3), w_3 = (1,-2,2)$. Una $f \in \text{End}(\mathbb{R}^3)$ tale che $f(v_i) = w_i$ per ogni i: $\boxed{a}$ non esiste; $\boxed{b}$ esiste ed è unica; $\boxed{c}$ esiste ma non è unica; $\boxed{d}$ nessuna delle altre.

815. Qual è il vettore di $\mathbb{R}^3$ che ha coordinate $(1,2,3)$ rispetto alla base $e_1 + e_2, e_2, e_2 + e_3$? $\boxed{a}$ $(1,2,3)$; $\boxed{b}$ $(1,6,3)$; $\boxed{c}$ $(1,3,1)$; $\boxed{d}$ Quella proposta non è una base.

816. Quale di questi insiemi di vettori genera $\mathbb{R}_{\leq 3}[x]$? $\boxed{a}$ $0, 1, x, x^2, x^3 - x^2 + x - 1$; $\boxed{b}$ x, x^2, x^3; $\boxed{c}$ $2 - x, (x+1)^3, x^2 - x, 3 + x + 4x^2 + x^3$; $\boxed{d}$ nessuno.

817. Nella base $v_1 = (0,1), v_2 = (1,0)$ di $\mathbb{R}^2$, la matrice della forma bilineare simmetrica con forma quadratica $x^2 - 2xy + 3y^2$ è: $\boxed{a}$ $\begin{pmatrix} 1 & -1 \\ -1 & 3 \end{pmatrix}$; $\boxed{b}$ $\begin{pmatrix} 1 & -2 \\ 0 & 3 \end{pmatrix}$; $\boxed{c}$ $\begin{pmatrix} 3 & -2 \\ -2 & 1 \end{pmatrix}$; $\boxed{d}$ $\begin{pmatrix} 3 & -1 \\ -1 & 1 \end{pmatrix}$.

818. Le rette di $\mathbb{R}^3$ definite da $r(t) = (t, -2t+1, 3t-2)$ e $s = \{x + 2y + z + 2 = 0, z = x - y\}$ sono: $\boxed{a}$ incidenti; $\boxed{b}$ parallele; $\boxed{c}$ sghembe; $\boxed{d}$ coincidenti.

819. In $\mathbb{R}^3$ le coordinate baricentriche di $P = (1,1,0)$ rispetto a $P_0 = e_1$, $P_1 = e_2$, $P_2 = e_3$ sono: $\boxed{a}$ $(1,1,0)$; $\boxed{b}$ $(0,1,1)$; $\boxed{c}$ $(1,0,1)$; $\boxed{d}$ P non appartiene al piano passante per P_0, P_1, P_2

820. Siano $w_1 = (1,1), w_2 = (1,0)$ e $f \in \text{hom}(\mathcal{M}_{2\times 2}(\mathbb{R}), \mathbb{R}^2)$ data da $f(A) = (w_1 A w_1^T, w_2 A w_2^T)$. La matrice di f nelle basi $v_1 = \left(\begin{smallmatrix} 1 & 0 \\ 0 & 1 \end{smallmatrix}\right), v_2 = \left(\begin{smallmatrix} 0 & 1 \\ 1 & 0 \end{smallmatrix}\right), v_3 = \left(\begin{smallmatrix} 1 & 0 \\ 0 & 0 \end{smallmatrix}\right), v_4 = \left(\begin{smallmatrix} 0 & 1 \\ 0 & 0 \end{smallmatrix}\right)$ di $\mathcal{M}_{2\times 2}(\mathbb{R})$ e w_1, w_2 di $\mathbb{R}^2$ è: $\boxed{a}$ $\begin{pmatrix} 2 & 2 & 1 & 1 \\ 1 & 0 & 1 & 0 \end{pmatrix}$; $\boxed{b}$ $\begin{pmatrix} 1 & 1 & 1 & 1 \\ 1 & 1 & 0 & 0 \end{pmatrix}$; $\boxed{c}$ $\begin{pmatrix} 1 & 0 & 1 & 0 \\ 1 & 2 & 0 & 1 \end{pmatrix}$; $\boxed{d}$ $f \notin \text{hom}(\mathcal{M}_{2\times 2}(\mathbb{R}), \mathbb{R}^2)$.

821. Quante soluzioni ha in $(\mathbb{Z}/2\mathbb{Z})^4$ il sistema $\begin{cases} t - z = 0 \\ x = x \end{cases}$ $\boxed{a}$ 0; $\boxed{b}$ 4; $\boxed{c}$ 8; $\boxed{d}$ infinite.

822. Siano dati in $\mathbb{R}^3$ i sottospazi $V = \text{span}\{(1,1,1)\}$ e $W = \{(x,y,z) \in \mathbb{R}^3 \mid x - y - z = 0\}$. Quale tra questi spazi ha dimensione minore? $\boxed{a}$ V ; $\boxed{b}$ $V + W$; $\boxed{c}$ $V \cap W$; $\boxed{d}$ W.

823. Quale di questi è un autovettore di $f \in \text{End}(\mathbb{R}^3)$, $f(x,y,z) = (2x - y, x + z, -x + y)$? $\boxed{a}$ $(1,1,-1)$; $\boxed{b}$ $(2,-2,0)$; $\boxed{c}$ $(2,2,1)$; $\boxed{d}$ $(1,1,0)$.

824. Un sottoinsieme A di uno spazio vettoriale V è un sottospazio vettoriale se: $\boxed{a}$ Contiene lo zero; $\boxed{b}$ non contiene lo zero; $\boxed{c}$ $\text{span}(A) = A$; $\boxed{d}$ nessuna delle altre.

825. Se $A = \begin{pmatrix} 1 & 0 & 1 & 1 \\ 1 & 2 & -1 & 0 \\ 2 & 2 & 0 & 1 \end{pmatrix}$ e $b = \begin{pmatrix} 1 \\ 2 \\ 3 \end{pmatrix}$ quante soluzioni ha in $\mathbb{R}^4$ il sistema $AX = b$? $\boxed{a}$ 0; $\boxed{b}$ 1; $\boxed{c}$ 2; $\boxed{d}$ ∞.

826. L'insieme $V \subset \text{End}(\mathbb{R}^2)$ degli endomorfismi diagonalizzabili è: $\boxed{a}$ un sottospazio; $\boxed{b}$ chiuso per somma; $\boxed{c}$ chiuso per moltiplicazione per scalari; $\boxed{d}$ nessuna delle altre.

827. Quante soluzioni ha il sistema $\begin{cases} x - iy - z = 0 \\ x + 3iz = 1 \end{cases}$ su $\mathbb{C}$? $\boxed{a}$ 0; $\boxed{b}$ 4; $\boxed{c}$ 2; $\boxed{d}$ infinite.

828. La forma bilineare associata a $\begin{pmatrix} 0 & x \\ x & 0 \end{pmatrix}$ è non degenere: $\boxed{a}$ mai; $\boxed{b}$ sempre; $\boxed{c}$ solo se $x > 0$; $\boxed{d}$ solo se $x \neq 0$.

829. Quali dei seguenti non può essere autovalore di una funzione F tale che $F^4 = Id$? $\boxed{a}$ 0; $\boxed{b}$ 1; $\boxed{c}$ -1; $\boxed{d}$ i.

830. La segnatura (n_0, n_+, n_-) della forma $b(p,q) = p(0)q(0) - \frac{1}{2}\int_{-1}^1 p(x)q(x)\,dx \in \text{bil}(\mathbb{R}_{\leq 2}[x])$ è: $\boxed{a}$ $(1,0,2)$; $\boxed{b}$ $(1,1,1)$ $\boxed{c}$ $(0,2,1)$; $\boxed{d}$ $(0,1,2)$.

831. La dimensione di $\{f \in \text{End}(\mathbb{R}^3) \mid f(e_1) = f(e_2), \text{Imm}\, f \subseteq \text{span}\{e_3, e_1 + e_2\}\}$ è: $\boxed{a}$ 3; $\boxed{b}$ 5; $\boxed{c}$ 6; $\boxed{d}$ 4.

832. Quali delle seguenti è una base ortonormale per il prodotto scalare standard di $\mathbb{R}^2$?

a $e_1, e_1 - e_2$;   b e_2, e_1;   c $e_1 - e_2, e_2 - e_1$;   d nessuna delle precedenti.

833. In $\mathbb{R}^4$, le coordinate di $(1,2,3,4)$ nella base $v_1 = (1,1,1,1)$, $v_2 = (0,1,1,1)$, $v_3 = (0,0,1,1)$, $v_4 = (0,0,0,1)$ sono: a $(1,2,3,4)$;   b $(1,1,1,1)$;   c $(4,3,2,1)$;   d Nessuna delle altre.

834. Quale di questi è un insieme di vettori linearmente indipendenti in $\mathbb{Z}_2[x]$?

a $1, (x+1)^2$;   b $0, (x+1)^2$;   c $1, x, (x+1)^2, x^2 - x$;   d $(x+1)^2, x^2 + 1$.

835. Dato $\{i, x+i, (x+i)^2, (ix-1)^2\}$, rimuovendo quale elemento si ottiene una base di $\mathbb{C}_{\leq 2}[x]$?

a i;   b $x+i$;   c $(x+i)^2$;   d nessuno dei precedenti.

836. La conica definita da $x^2 + y^2 - 4xy = 0$ è:

a una coppia di rette;   b un'iperbole;   c una parbola;   d un'ellisse.

837. La matrice di $f : \mathbb{C} \to \mathbb{C}, z \mapsto iz$ rispetto alla base $\{1, i\}$ su $\mathbb{R}$ è:

a $\begin{pmatrix} 0 & -1 \\ 1 & 0 \end{pmatrix}$;   b $\begin{pmatrix} i & 0 \\ 0 & i \end{pmatrix}$;   c $\begin{pmatrix} 1 & 0 \\ 0 & -1 \end{pmatrix}$;   d $\begin{pmatrix} -1 & 0 \\ 0 & 1 \end{pmatrix}$.

838. Quale di questi è un insieme di vettori linearmente indipendenti in $\mathcal{M}_{2\times 2}(\mathbb{Z}_2)$?   a nessuna;

b $\begin{pmatrix} 1 & 1 \\ 0 & 0 \end{pmatrix}, \begin{pmatrix} 0 & 0 \\ 0 & 0 \end{pmatrix}$;   c $\begin{pmatrix} 1 & 1 \\ 0 & 0 \end{pmatrix}, \begin{pmatrix} 0 & 1 \\ 1 & 1 \end{pmatrix}, \begin{pmatrix} 1 & 0 \\ 1 & 1 \end{pmatrix}$;   d $\begin{pmatrix} 1 & 0 \\ -1 & 0 \end{pmatrix}, \begin{pmatrix} -1 & 0 \\ 1 & 0 \end{pmatrix}$

839. La matrice associata a $f(x,y) = (x+y, x+y)$ rispetto alla base $v_1 = (1,-1), v_2 = (1,-1)$ è:

a $\begin{pmatrix} 0 & 0 \\ 0 & 0 \end{pmatrix}$;   b $\begin{pmatrix} 1 & -1 \\ 1 & 1 \end{pmatrix}$;   c $\begin{pmatrix} 1 & 0 \\ 0 & 1 \end{pmatrix}$;   d v_1, v_2 non è una base.

840. $\begin{pmatrix} 1 & 1 & 0 \\ 0 & 1 & -2 \\ 1 & 0 & 0 \end{pmatrix}^{-1} =$ a $\begin{pmatrix} 1 & 1 & 0 \\ 0 & 1 & -2 \\ 1 & 0 & 0 \end{pmatrix}$; b $\begin{pmatrix} 0 & 0 & 1 \\ 1 & 0 & -1 \\ \frac{1}{2} & \frac{-1}{2} & \frac{-1}{2} \end{pmatrix}$; c $\begin{pmatrix} 0 & 0 & -2 \\ -2 & 0 & 2 \\ -1 & 1 & 1 \end{pmatrix}$; d $\begin{pmatrix} 1 & 2 & 0 \\ 0 & 0 & -2 \\ 3 & 0 & 0 \end{pmatrix}$.

841. Quale di questi è un insieme di vettori linearmente indipendenti in $\mathcal{M}_{2\times 2}(\mathbb{C})$?   a nessuno;

b $\begin{pmatrix} 1 & i \\ 0 & 0 \end{pmatrix}, \begin{pmatrix} 0 & 0 \\ 0 & 0 \end{pmatrix}$;   c $\begin{pmatrix} 1 & i \\ 0 & 0 \end{pmatrix}, i\begin{pmatrix} 0 & 1 \\ 1 & 1 \end{pmatrix}, \begin{pmatrix} 1 & 1+i \\ i & i \end{pmatrix}$;   d $\begin{pmatrix} 1 & i \\ -1 & 0 \end{pmatrix}, \begin{pmatrix} i & -1 \\ -i & 0 \end{pmatrix}$

842. Sia $X = \{x + y - 4z + 1 = 0\} \subseteq \mathbb{R}^3$; span$(X)$ ha dimensione a 0; b 1; c 2; d 3.

843. Le coordinate di $(1, i, 1)$ rispetto alla base $\{(0,1,1), (1,1,0), (0,i,0)\}$ di $\mathbb{C}^3$ sono:

a $(1, 2i, 1)$;   b $(1, 1, 1)$;   c $(1, 1, 2i)$;   d $(1, 1, 2i + 1)$.

844. Sia $f \in \text{End}(\mathbb{R}^4)$ tale che $f^2 = 0$ e $\dim(\text{Imm}(f)) = 2$. Qual è la forma di Jordan di f?

a $\begin{pmatrix} 0 & 1 & 0 & 0 \\ 0 & 0 & 0 & 0 \\ 0 & 0 & 0 & 0 \\ 0 & 0 & 0 & 0 \end{pmatrix}$;   b $\begin{pmatrix} 0 & 1 \\ 0 & 0 \end{pmatrix}$;   c $\begin{pmatrix} 0 & 1 & 0 & 0 \\ 0 & 0 & 0 & 0 \\ 0 & 0 & 0 & 1 \\ 0 & 0 & 0 & 0 \end{pmatrix}$;   d una tale f non esiste.

845. La matrice della rotazione in senso antiorario di $\pi/4$ rispetto alla base canonica di $\mathbb{R}^2$ è:

a $\frac{1}{2}\begin{pmatrix} \sqrt{2} & -\sqrt{2} \\ \sqrt{2} & \sqrt{2} \end{pmatrix}$;   b $\frac{1}{2}\begin{pmatrix} \sqrt{2} & \sqrt{2} \\ \sqrt{2} & \sqrt{2} \end{pmatrix}$;   c $\frac{1}{2}\begin{pmatrix} \sqrt{2} & \sqrt{2} \\ -\sqrt{2} & \sqrt{2} \end{pmatrix}$;   d $\frac{1}{2}\begin{pmatrix} -\sqrt{2} & \sqrt{2} \\ \sqrt{2} & \sqrt{2} \end{pmatrix}$.

846. In $\mathbb{R}_{\leq 2}[x]$, una base dell'ortogonale di x^2, rispetto a $\langle p, q \rangle = \frac{1}{2} \int_{-1}^{1} p(x)q(x)dx$ è:

a $5x^2 + 3, x$;   b $1, x$;   c $x, 5x^2 - 3$;   d $x, 5 - 3x^2$.

847. Quali delle seguenti matrici rappresenta una forma bilineare definita positiva?

a $\begin{pmatrix} 1 & 1 \\ 1 & 1 \end{pmatrix}$;   b $\begin{pmatrix} 1 & 1 \\ 0 & 1 \end{pmatrix}$;   c $\begin{pmatrix} 1 & 2 \\ 2 & 1 \end{pmatrix}$;   d $\begin{pmatrix} 6 & -4 \\ 9 & -6 \end{pmatrix}$.

848. In $\mathbb{R}^4$ l'ortogonale di $V = \{(x,y,z,t) \in \mathbb{R}^4 \mid x = y, z = -t\}$ è: a $\{(x,y,z,t) \in \mathbb{R}^4 \mid x = -y\}$;

b span$\{e_1 + e_2 + e_3, e_3 - e_1\}$;   c $\{(x,y,z,t) \in \mathbb{R}^4 \mid x - y = 0, z + t = 0\}$;   d span$\{e_1 - e_2, e_3 + e_4\}$.

849. Quale di questi elementi completa $\{x^2 - 2ix - 1, 2ix\}$ ad una base di $\mathbb{C}_{\leq 2}[x]$?

a x;   b $(x - i)^2$;   c $i(x+1)(x-1)$;   d $3i$.

850. Le coordinate di $(x+1)^2$ rispetto alla base $\{1, x+1, x^2+1\}$ di $\mathbb{Z}_{2\leq 2}[x]$ sono:

[a] (1,0,1);   [b] (1,1,0);   [c] (0,0,0);   [d] (0,0,1).

851. La matrice associata alla forma bilineare $b((x,y),(x',y')) = (x+y)(x'-y')$ in base canonica è:

[a] $\begin{pmatrix} 1 & 0 \\ 0 & 1 \end{pmatrix}$;   [b] $\begin{pmatrix} 1 & 1 \\ 1 & 1 \end{pmatrix}$;   [c] $\begin{pmatrix} 1 & 1 \\ 1 & -1 \end{pmatrix}$;   [d] $\begin{pmatrix} 1 & -1 \\ 1 & -1 \end{pmatrix}$.

852. L'equazione della retta passante per $(1,1,0)$ e $(0,-2,0)$ è: [a] $x = 1 - 2y, z = 0$;

[b] $y = 3x - 2, z = 0$;   [c] $x + y - 2z = 0, x - y = 0$;   [d] nessuna delle precedenti

853. Il rango della matrice $\begin{pmatrix} 1 & 0 & -1 & 2 \\ 1 & -2 & -5 & 0 \\ 1 & 2 & 3 & 4 \end{pmatrix}$ è: [a] 1;   [b] 2;   [c] 3;   [d] 4.

854. In $\mathbb{R}^3$ siano $v_1 = (0,1,1), v_2 = (1,1,0), v_3 = (1,0,1)$ e $w_1 = (1,2,3), w_2 = (4,5,6), w_3 = (7,8,9)$. Una $f \in \mathrm{End}(\mathbb{R}^3)$ tale che $f(v_i) = w_i$ per ogni i:

[a] non esiste;   [b] esiste ed è unica;   [c] esiste ma non è unica;   [d] nessuna delle altre.

855. Le coordinate di $(0,1,1)$ rispetto alla base $\{(1,1,0),(1,0,1),(0,0,1)\}$ di $\mathbb{Z}_2^3$ sono:

[a] (1,0,1);   [b] (1,1,0);   [c] (0,0,0);   [d] (0,0,1).

856. Quale di questi è un insieme di vettori linearmente indipendenti in $\mathbb{C}[x]$?

[a] $x^2, (ix)^2$;   [b] x^2, ix^2;   [c] $-x, x^2 - 1, (x+i)^2$;   [d] nessuno.

857. Su $V = \mathbb{R}$ con l'usuale $+$ definiamo il prodotto per elementi di $\mathbb{Z}_2$: $1 \cdot v = v$ e $0 \cdot v = 0$. La dimensione di V su $\mathbb{Z}_2$ è: [a] 0;   [b] 1;   [c] ∞;   [d] V non è spazio vettoriale su $\mathbb{Z}_2$.

858. Sia $f \in \mathrm{End}(\mathcal{M}_{2\times 2}(\mathbb{R}))$ dato da $f(X) = X\left(\begin{smallmatrix} 1 & 1 \\ 0 & 1 \end{smallmatrix}\right)$. La molteplicità geometrica dell'autovalore 1 è:

[a] 1;   [b] 3;   [c] 4;   [d] 2.

859. In $\mathbb{R}^4$ sia $V = \mathrm{span}\{(1,2,3,4),(1,2,1,2),(0,0,2,2)\}$ e $W = \{x+y+z-t = 0, z = 2\}$. Si ha:

[a] $V \cap W = \emptyset$;   [b] $\dim(V \cap W) = 1$;   [c] $V = W$;   [d] $V \cap W =$ un punto.

860. La matrice associata a $f(x,y) = (2x, x-y)$ rispetto alla base $(1,1),(1,0)$ è:

[a] $\begin{pmatrix} 2 & 0 \\ 1 & -1 \end{pmatrix}$;   [b] $\begin{pmatrix} 1 & 1 \\ 1 & 0 \end{pmatrix}$;   [c] $\begin{pmatrix} 0 & 1 \\ 2 & 1 \end{pmatrix}$;   [d] nessuna delle precedenti.

861. In $\mathbb{R}^3$ quante soluzioni ha il sistema $\begin{cases} x - z = 1 \\ x + y + z = 0 \\ 2x + y = 1 \end{cases}$ [a] 0;   [b] 1;   [c] 2;   [d] ∞.

862. Le coordinate di $(3,-1,2)$ rispetto alla base $\{(1,1,1),(0,-1,2),(1,1,0)\}$ di $\mathbb{R}^3$ sono:

[a] (0,0,0);   [b] (3,-1,2);   [c] (-6,4,9);   [d] (6,-4,2).

863. Gli autovalori di $f(x,y,z) = (x+2z, y+z, -z)$ sono: [a] $1,2,3$;   [b] ± 1;   [c] $\pm 1, 3$;   [d] $\pm\sqrt{3}$.

864. Quale delle seguenti espressioni per $f(X)$ rapprensenta un'isometria di $\mathbb{R}^2$ che manda $(1,0)$ in $(1,1)$ e $(0,0)$ in $(0,1)$?   [a] $\begin{pmatrix} 1 & 1 \\ 1 & 1 \end{pmatrix} X$;   [b] $\begin{pmatrix} 1 & 0 \\ 0 & 1 \end{pmatrix} X + \begin{pmatrix} 0 \\ 1 \end{pmatrix}$;   [c] $\begin{pmatrix} 1 & 1 \\ 1 & 2 \end{pmatrix} X$;   [d] Nessuna.

SOLUZIONI

1. b	2. d	3. b	4. a	5. c	6. b	7. c	8. c	9. b	10. d	11. c
12. a	13. c	14. b	15. c	16. a	17. a	18. a	19. d	20. b	21. d
22. a	23. d	24. c	25. c	26. d	27. b	28. a	29. d	30. b	31. b
32. c	33. a	34. a	35. a	36. d	37. b	38. d	39. b	40. a	41. c
42. a	43. d	44. b	45. d	46. b	47. a	48. b	49. c	50. d	51. c
52. b	53. c	54. a	55. d	56. d	57. c	58. c	59. d	60. b	61. a
62. d	63. c	64. b	65. a	66. a	67. d	68. a	69. d	70. b	71. c
72. d	73. c	74. c	75. a	76. c	77. c	78. c	79. c	80. c	81. d
82. a	83. b	84. a	85. d	86. a	87. a	88. a	89. b	90. c	91. c
92. a	93. b	94. a	95. a	96. d	97. c	98. a	99. a	100. d	101. d
102. a	103. b	104. d	105. a	106. c	107. c	108. a	109. c	110. a
111. b	112. a	113. a	114. b	115. a	116. a	117. a	118. a	119. a
120. d	121. a	122. d	123. c	124. c	125. b	126. c	127. c	128. c
129. b	130. d	131. c	132. a	133. b	134. a	135. b	136. b	137. c
138. b	139. c	140. a	141. d	142. a	143. d	144. a	145. b	146. c
147. b	148. d	149. c	150. d	151. c	152. d	153. c	154. d	155. d
156. a	157. c	158. d	159. a	160. b	161. b	162. a	163. d	164. a
165. d	166. d	167. d	168. c	169. c	170. a	171. a	172. d	173. d
174. d	175. b	176. b	177. a	178. c	179. a	180. c	181. b	182. c
183. b	184. c	185. b	186. a	187. a	188. b	189. c	190. c	191. a
192. d	193. c	194. b	195. d	196. b	197. a	198. a	199. a	200. b
201. d	202. b	203. c	204. c	205. b	206. a	207. c	208. a	209. a
210. a	211. a	212. b	213. c	214. b	215. c	216. c	217. b	218. b
219. b	220. d	221. c	222. d	223. b	224. c	225. a	226. d	227. c
228. c	229. c	230. a	231. a	232. c	233. d	234. a	235. a	236. a
237. c	238. d	239. a	240. c	241. b	242. d	243. a	244. a	245. b
246. c	247. b	248. b	249. d	250. c	251. b	252. d	253. d	254. b
255. a	256. a	257. a	258. a	259. d	260. b	261. c	262. b	263. d
264. c	265. c	266. b	267. c	268. a	269. c	270. d	271. d	272. b
273. c	274. d	275. c	276. d	277. b	278. d	279. a	280. d	281. c
282. d	283. c	284. d	285. a	286. c	287. a	288. b	289. d	290. c
291. d	292. c	293. d	294. a	295. c	296. c	297. b	298. b	299. a
300. d	301. b	302. c	303. a	304. d	305. c	306. c	307. c	308. a
309. d	310. c	311. d	312. c	313. a	314. c	315. a	316. c	317. d
318. b	319. b	320. c	321. a	322. c	323. b	324. c	325. d	326. a
327. a	328. a	329. d	330. b	331. c	332. d	333. b	334. b	335. a
336. a	337. c	338. b	339. b	340. d	341. b	342. b	343. b	344. d
345. d	346. a	347. b	348. c	349. d	350. a	351. b	352. a	353. d
354. d	355. d	356. c	357. a	358. b	359. a	360. d	361. a	362. b
363. b	364. c	365. d	366. d	367. c	368. b	369. a	370. d	371. c
372. a	373. d	374. b	375. b	376. c	377. d	378. b	379. d	380. a
381. a	382. d	383. a	384. c	385. c	386. a	387. a	388. d	389. d
390. c	391. b	392. c	393. a	394. c	395. b	396. c	397. d	398. a
399. a	400. a	401. b	402. c	403. a	404. b	405. b	406. c	407. c
408. c	409. b	410. b	411. c	412. d	413. c	414. b	415. d	416. b
417. c	418. a	419. a	420. b	421. a	422. d	423. c	424. c	425. d
426. c	427. d	428. a	429. b	430. d	431. a	432. d	433. c	434. d
435. c	436. c	437. d	438. d	439. c	440. b	441. a	442. d	443. b
444. c	445. a	446. a	447. b	448. b	449. b	450. d	451. c	452. a

453. c 454. a 455. a 456. b 457. d 458. b 459. b 460. b 461. d
462. b 463. d 464. a 465. b 466. b 467. c 468. d 469. b 470. c
471. a 472. b 473. d 474. b 475. b 476. b 477. b 478. d 479. b
480. b 481. c 482. b 483. a 484. b 485. b 486. d 487. c 488. d
489. a 490. c 491. b 492. c 493. c 494. b 495. a 496. d 497. b
498. b 499. b 500. a 501. d 502. b 503. a 504. c 505. b 506. a
507. c 508. c 509. c 510. d 511. c 512. a 513. a 514. a 515. d
516. b 517. b 518. b 519. c 520. a 521. d 522. b 523. b 524. b
525. b 526. c 527. a 528. b 529. d 530. d 531. a 532. d 533. b
534. b 535. a 536. d 537. a 538. b 539. d 540. d 541. d 542. c
543. a 544. c 545. c 546. d 547. c 548. a 549. c 550. a 551. d
552. a 553. d 554. c 555. d 556. d 557. c 558. a 559. a 560. c
561. d 562. b 563. a 564. c 565. c 566. d 567. a 568. c 569. d
570. d 571. b 572. b 573. b 574. d 575. b 576. d 577. c 578. b
579. b 580. b 581. d 582. d 583. d 584. a 585. b 586. b 587. b
588. b 589. a 590. d 591. d 592. b 593. a 594. a 595. b 596. c
597. a 598. b 599. d 600. c 601. c 602. a 603. c 604. c 605. c
606. b 607. a 608. c 609. c 610. d 611. d 612. a 613. a 614. d
615. b 616. a 617. b 618. b 619. a 620. b 621. b 622. c 623. c
624. d 625. b 626. c 627. c 628. b 629. d 630. d 631. c 632. c
633. d 634. c 635. c 636. c 637. b 638. a 639. a 640. b 641. a
642. c 643. b 644. a 645. b 646. b 647. c 648. a 649. b 650. a
651. c 652. c 653. b 654. d 655. a 656. b 657. b 658. c 659. c
660. c 661. a 662. b 663. b 664. a 665. c 666. a 667. a 668. d
669. c 670. c 671. a 672. a 673. b 674. a 675. a 676. b 677. d
678. a 679. a 680. c 681. d 682. a 683. d 684. d 685. d 686. c
687. c 688. b 689. d 690. a 691. b 692. c 693. a 694. a 695. c
696. c 697. a 698. b 699. b 700. c 701. b 702. c 703. a 704. c
705. d 706. d 707. c 708. d 709. a 710. a 711. a 712. d 713. b
714. d 715. c 716. b 717. b 718. c 719. c 720. b 721. b 722. c
723. b 724. a 725. b 726. c 727. b 728. a 729. d 730. c 731. b
732. a 733. d 734. b 735. c 736. d 737. c 738. a 739. a 740. d
741. d 742. d 743. a 744. a 745. c 746. a 747. a 748. a 749. d
750. c 751. b 752. a 753. a 754. b 755. a 756. b 757. a 758. a
759. c 760. d 761. c 762. b 763. a 764. b 765. b 766. a 767. c
768. c 769. c 770. c 771. a 772. c 773. a 774. d 775. c 776. b
777. c 778. b 779. a 780. d 781. b 782. c 783. b 784. d 785. a
786. d 787. b 788. b 789. d 790. d 791. d 792. b 793. d 794. a
795. d 796. c 797. b 798. d 799. a 800. b 801. b 802. d 803. c
804. b 805. a 806. a 807. a 808. d 809. d 810. c 811. d 812. a
813. a 814. c 815. b 816. a 817. d 818. b 819. d 820. c 821. c
822. c 823. d 824. c 825. d 826. c 827. d 828. d 829. a 830. d
831. d 832. b 833. b 834. a 835. c 836. a 837. a 838. a 839. d
840. b 841. c 842. d 843. d 844. c 845. a 846. c 847. b 848. d
849. d 850. d 851. d 852. b 853. b 854. b 855. b 856. d 857. d
858. d 859. d 860. c 861. d 862. c 863. b 864. b

www.ingramcontent.com/pod-product-compliance
Lightning Source LLC
Chambersburg PA
CBHW081301180526

45170CB00007B/2518